中国地质大学(武汉)实验教学系列教材
中国地质大学(武汉)实验技术研究项目 资助

R语言与生物统计学实习指导书

R YUYAN YU SHENGWU TONGJIXUE SHIXI ZHIDAOSHU

主 编 马相如

副主编 李继红

中国地质大学出版社
ZHONGGUO DIZHI DAXUE CHUBANSHE

图书在版编目(CIP)数据

R语言与生物统计学实习指导书/马相如主编.—武汉:中国地质大学出版社,2015.1
(2021.1重印)
中国地质大学(武汉)实验教学系列教材

ISBN 978-7-5625-3416-7

Ⅰ.①R…
Ⅱ.①马…
Ⅲ.①生物统计-统计程序-高等学校-教材
Ⅳ.①Q-332

中国版本图书馆CIP数据核字(2015)第026095号

R语言与生物统计学实习指导书

马相如　**主　编**
李继红　**副主编**

责任编辑:阎　娟　　　　责任校对:张咏梅

出版发行:中国地质大学出版社(武汉市洪山区鲁磨路388号)　　邮政编码:430074
电　话:(027)67883511　传真:67883580　　E-mail:cbb @ cug.edu.cn
经　销:全国新华书店　　http://www.cugp.cug.edu.cn

开本:787毫米×1 092毫米 1/16　　字数:192千字　印张:7.5
版次:2015年3月第1版　　印次:2021年1月第2次印刷
印刷:武汉市籍缘印刷厂　　印数:1 001—2 000册

ISBN 978-7-5625-3416-7　　定价:20.00元

前　言

随着科学技术的发展与生物学研究的深入，所研究问题与所获数据的复杂程度都在不断增加，从而促进与刺激了计算机软件技术和现代应用生物统计方法的飞速发展。本书选用的自由软件R是一门比较新的计算机语言与统计软件。由于其强大的统计计算与图形展示功能，以及自由免费与开放源代码的特点，目前国外许多大学统计相关专业都将R软件作为教学软件，国内部分高校也开始将R语言作为统计学相关课程上机实习的计算机软件。近几年，国内使用R软件的用户群体增长迅速。据统计，2008年12月13日至14日"第一届中国R语言会议"在中国人民大学召开时，共有近70家单位150余人参加；2009年12月召开的"第二届中国R语言会议"则已在北京和上海设有两个分会场，共有90多家单位300余人参加。参会的人员主要来自高校和科研机构的在校学生、高校教师、科研院所研究员等。

然而，目前国内关于R语言的图书比较少，并且这些书籍均很少涉及到试验设计方面的内容，实际上，试验设计的内容在生物统计学中占有十分重要的地位。而且CRAN网站上有多种关于试验设计及其统计分析的R工具包，如AlgDesign、crossdes、conf. design、DoE. base、FrF2等可以自由下载使用。另外，这些书中也很少涉及到比较新的现代应用生物统计的方法及其计算机实现。因此，基于R软件在国内愈来愈旺盛的市场需求，我们认为出版关于"现代应用生物统计方法及其在R语言中的实现"之类的教参或工具书是很有必要的。

生物统计学是应用数理统计的原理和方法处理生物学中的各种数据资料，从而透过现象揭示生物学本质的一门科学，是科学研究与实践应用的基础工具。基于生物统计学在生产实践中的广泛应用及在生命科学研究中的重要作用，国内外大多数高校的生命科学各专业都将生物统计学列为专业基础课或必修课。传统的生物统计学教学过多强调理论的重要性，学生通过查找书后附表设计试验与手工计算，忽视了利用计算机软件进行试验设计和数据统计分析的能力培养，不符合越来越借重于计算机技术的现代应用生物统计方法的发展趋势。当前，数据分析处理绝大多数是使用计算机统计软件完成，在统计方法的实际应用过程中，人们往往不会过多关注理论推导与计算过程，而是注重统计分析结果的解释。对于非数理统计专业的学生，统计教学过程中更不会过多强调理论的重要性，从而忽视了统计思想和数据处理能力的培养。

通过问卷调查，我们发现有92.8%的学生认为R软件作为生物统计学的教学软件十分合适，86.7%的学生认为R语言的学习能够对学习与理解统计原理有所帮助。2005年，江西农业大学生物科学与工程学院程新等主持的教学研究课题“基于自由软件平台的生物统计学实践教学研究”，对两个年级共233人分别采用R软件和SPSS软件教学效果的比较分析发现，采用R软件进行教学，激发了学生的学习积极性，提高了学生掌握统计学知识的能力，教学效果比SPSS有显著提高。根据调查结果与教学、科研工作的经验，我们认为统计的思想或意识比统计理论与方法更重要，使用统计软件R进行生物统计学教学，可使学生不再陷入繁琐的统计查表与计算过程中，从而增强统计思想和数据处理能力的培养。

相对而言，由于SPSS软件比较容易学习掌握，目前国内还有很多高校在使用SPSS软件。但是，毕竟受其窗口菜单数量的限制，SPSS软件的功能不会很全面。SAS软件虽然要编程，使用较困难，但由于其经过多年的研制开发，功能较全面，权威性强，国内也有不少高校在统计学教学中采用。但是这些商业软件价格昂贵，学生在学习与使用过程中均存在版权问题。而R软件是没有版权限制的自由软件，统计与计算功能更全面，在医学、生态学、统计遗传学、生物信息学等方面都具有十分丰富的工具包。因此，我们认为在生物统计学的教学中使用R软件是非常合适的，值得推广和普及。而且，R软件是开源软件，使用R软件的人越多，其可能贡献的函数工具包也越多，R软件的功能也会飞速增长。使用R软件的过程中，你会发现其他统计软件很难实现的统计计算和图形展示方法，在R软件中则很容易实现，且惊喜不断。R最重要的一点是怎么都不会高估它，它允许统计学家做很多复杂的分析，而不需要懂得很多的计算机知识（引自Google统计专家Daryl Pregibon）。R的应用领域是如此之广，R的使用则“无处不在”。

本书有如下写作特点。

(1)本书没有用过多的篇幅详细介绍现代应用生物统计方法及其理论证明，而是在简要概述某统计方法之后，说明其适用范围、应用，以及做出统计结论时的注意事项。

(2)本书选用了自由软件R，与目前市场上充斥如山的SAS或SPSS等昂贵的商业软件相比，学生、教师与科研人员在使用过程中不存在版权问题。

(3)目前市场上已有的R语言相关图书中均未涉及到试验设计等方面的内容，包括SAS或SPSS等软件教程中也均没有相关内容，而实际上试验设计的内容在生物统计学中占有十分重要的地位。本书则含有随机区组设计、裂区设计、平衡不完全区组设计、拉丁方设计、正交设计等常用试验设计方法在计算机中的模拟与统计分析方法。

(4)本书将不再详细介绍R语言及其统计函数,而只是简单介绍R软件的安装与使用方法。但是书中给出了所有例题的R语言源代码、计算结果与分析,书后附录则包括R的图形函数与参数、所有书中出现过的R的统计函数与功能概要的索引。

(5)在内容与章节安排上,本书有意借鉴与参考了李春喜等主编的《生物统计学》第三版教材,包含了该教材涉及到的几乎所有统计方法与大部分的例题。由于该教材及其配套的学习指导书中均未涉及到统计软件,因此,本书将十分适合作为李春喜主编的《生物统计学》的配套参考书与上机实习指导书。

(6)本书所有章节均配有例题和习题,这些例题或习题除了来自《生物统计学》等相关教材之外,其余均来自R程序包自带的数据文件。

编 者

2014年10月

目　录

第一章　R语言基础

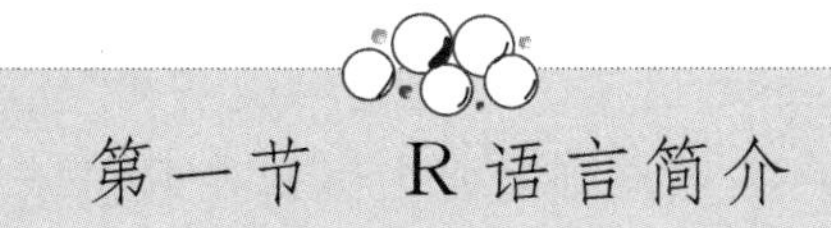

第一节　R语言简介

R语言是一门比较新的计算机语言，源自S语言（S-Plus软件中使用）与Scheme语言。R软件提供了一种使用R语言进行统计分析与图形展示的计算机环境，整合有许多统计工具包。R软件是在GNU协议（General Public Licence）下免费发行的，它的开发及维护现在则由R开发核心小组（R Development Core Team）具体负责。

R语言最初由新西兰奥克兰大学统计系教授Ross Ihaka和Robert Gentleman合作编写，由于这两位"R之父"的名字都是以R开头，所以就称之为R语言。R自1993年诞生以来，深受统计学家和计量爱好者的喜爱，被国外大量学术与科研机构采用，其应用范围涵盖了计量经济学、实证金融学、空间统计学、统计遗传学和生物信息学等诸多领域，已经成为主流软件之一。2009年1月7日，《纽约时报》记者Ashlee Vance题为*Data Analysts Captivated by R's Power*的文章在科技版发表之后，引起了统计软件R与SAS之争，可见R在统计学界和业界的影响力。

相对于其他同类软件，R的主要特色如下。

（1）R语言具有自由、免费、开放源代码的特征。R是一个自由软件，所谓"自由"是指开发应用自由，并可免费拷贝与发行。但要注意，一些较少的R程序包并不是无条件免费的，仅能用于非商业目的，要注意它的许可范围。

（2）R语言是彻底面向对象的统计编程语言，统计计算与绘图模块十分齐全。R中所有计算结果都可以作为对象保存起来，供进一步统计分析与图形展示之用。

（3）R软件体积小，更新速度快，发展势头猛。R软件源程序已经更新了100多个版本，目前是3.1.1版，源程序大小由1997年的959k增大到了今天的约27.3M（Window二进制安装程序文件约54M）。从版本更新以及文件大小来看，R的发展速度的确非常快，而且整个软件系统的体积也保持着非常小的优势，这几乎是任何一门商业软件都无法比拟的。

（4）R的扩展性非常强。世界各地的CRAN（Comprehensive R Archive Network）镜像网上有各个行业许多志愿者提供的非常丰富的程序包或工具包，供下载使用。正如Google首席经济学家Hal Varian所说，R最优美的地方是你能够修改很多前人编写的工具包的代码做各种所需的事情，实际你是站在巨人的肩膀上。

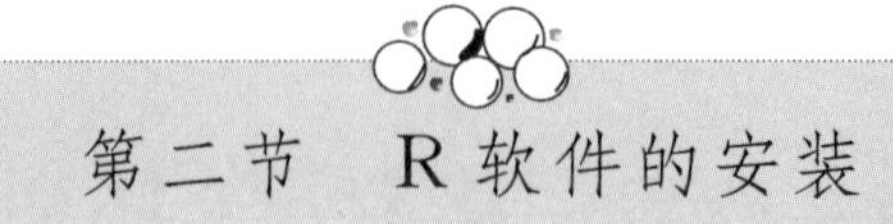

第二节 R软件的安装

R的安装文件有多种形式，有在 Unix 或 Linux 系统下所需的一些源代码，也有在 Windows，Linux 及 Macintosh 上使用的预编译二进制码。这些安装文件以及安装说明都可以在 CRAN 网站上下载。目前，R 软件的最新版本为3.1.1，Windows 系统用户可直接下载执行文件 R-3.1.1-win.exe(适用于32位与64位各种 Windows 操作系统)并运行，即可安装成功。Linux 及 Macintosh 用户则需要谨慎选择 R 的安装文件，使其与操作系统的版本相适应，详情请参考 CRAN 网站：http://cran.r-project.org/。

R 程序包的安装主要可通过命令“install.packages("packagename")”在线完成，Windows 用户可通过窗口界面(Rgui)的菜单方式安装。R 程序包的载入也可通过命令“library("packagename")”或菜单方式完成。

对于 Windows 用户我们推荐安装 John Fox 的 Rcmdr 包，该包主要使用了 R 中最基础的 tcl/tk 等包，可以菜单化实现 R 中几乎所有的统计分析工具。由于 Rcmdr 包在菜单操作的同时也提供了 R 对应的命令，因此对于初学者来说，在菜单操作的同时也可以学习 R 的代码。Rcmdr 包的安装过程如下：首先进入 R，先在命令行输入 install.packages("Rcmdr") 运行会自动提示并自动安装一些包，成功后输入 library(Rcmdr)运行就会出现图形界面，在这个界面上可以实现几乎所有的统计分析方法。

对于 Linux 类用户，我们推荐安装 R 语言的图形化开发工具 RKWard。RKWard 不是 R 包，需要另外安装。RKWard 没有中文支持，但是具有自动提示补全功能等。这里不再介绍 RKWard 的具体安装方法，有兴趣的用户可以访问其主页 http://rkward.sourceforge.net/。

第三节 R的在线帮助系统

R 的帮助系统非常强大，可以直接使用“?topic”或 help(topic) 来获取 topic 的帮助信息；也可使用 help.search("topic") 来搜索帮助系统。

如果你只知道函数的部分名称，那么可以使用 apropos("tab") 来搜索得到载入内存所有包含 tab 字段的函数。

如果还没有得到需要的资料，还有 R Site Search：http://finzi.psych.upenn.edu/search.html，等价于在 R 平台上使用 RSiteSearch()函数。

此外，互联网上有许多关于R的资源，可以为R用户提供各种R的信息与使用帮助，如R网站(http://www.r-project.org/)上及时发布各种关于R的新闻、书讯与会议信息，并有R常用手册、R常见问题(FAQ)、R杂志(The R Journal)与R维基(Wiki)等资源。国内也有不少关于R的中文论坛能够为初学者提供帮助，如BioSino网“R语言中文论坛”(http://rbbs.biosino.org/Rbbs/forums/list.page)与统计之都“S-Plus & R语言”板块(http://cos.name/cn/forum/15)等。

第四节 R中对象的赋值与计算

启动R，Windows用户通过为Rgui.exe文件创建一个快捷方式快速启动，而Linux类系统用户需要在命令行终端中敲入“R”启动R(注意是大写的R，R中所有的对象也区分大小写)。通过命令quit()或q()可退出R。

R语言是彻底面向对象的统计编程语言，对象的类型可以包括符号、变量、列表、函数、表达式、语言、环境及其他特殊类型等。并且，R中所有计算结果也都可以作为对象保存起来供进一步统计分析与图形展示之用。除了空对象(NULL)外，所有对象都有一个或多个相关属性。属性以列表形式保存，其中所有元素都有名字，属性列表可以通过attributes()得到或通过attributes<-设定。函数typeof()与length()分别返回R对象的类型和长度。R在计算过程中，对象常常需要强制转换成不同的类型(as.something形式的函数可以完成转换)。

一、对象的赋值

R中最简单的数据结构是数值向量。假如我们要创建一个含有10.4,5.6,3.1,6.4和21.7五个数值的向量x，R中的命令为：

```
>x<- c(10.4,5.6,3.1,6.4,21.7)
```

注：其中“＞”表示命令提示符，说明该行是需要输入R程序终端的命令和数据。本书中行首没有“＞”的均为R程序输出的结果。

这里R对象的赋值是用函数c()完成的，函数c()可以有任意多个参数，而它的值则是一个把这些参数首尾相连形成的一个向量。与之类似的函数还有cbind( )和rbind( )。

其中赋值符号“<-”实际上包括两个字符，即<(“小于号”)和-(“负号”)。这两个字符要求方向一致且指向被赋值的对象。多数情况下，“＝”可以代替使用。赋值也可以用函数assign()实现。下面的命令和前面的赋值命令等价：

```
>assign("x",c(10.4,5.6,3.1,6.4,21.7))
```

常用的赋值符“<-”可以看作是该命令一个语义上的缩写。当然，还可以从另外一个方向上赋值。用下面的语句，可以完成上面同样的赋值工作：

```
>c(10.4,5.6,3.1,6.4,21.7) ->x
```

二、规则序列的产生

一个从 1 到 30 的规则整数序列,可以这样产生:

```
>x<-1:30
```

函数 seq()可以生成如下的实数序列:

```
>seq(1,5,0.5)
[1] 1.0 1.5 2.0 2.5 3.0 3.5 4.0 4.5 5.0
```

其中第一个数字表示序列的起点,第二个表示终点,第三个是生成序列的步长。也可以这样使用:

```
>seq(length=9,from=1,to=5)
[1] 1.0 1.5 2.0 2.5 3.0 3.5 4.0 4.5 5.0
```

函数 rep()用来创建一个所有元素都相同的向量:

```
>rep(1,30)
[1] 1 1 1 1 1 1 1 1 1 1 1 1 1 1 1 1 1 1 1 1 1 1 1 1 1 1 1 1 1 1
```

函数 sequence()创建一系列连续的整数序列,每个序列都以给定参数的数值结尾:

```
>sequence(4 : 5)
[1] 1 2 3 4 1 2 3 4 5
>sequence(c(10,5))
[1] 1 2 3 4 5 6 7 8 9 10 1 2 3 4 5
```

函数 gl()能生成不同的水平或层次数据,产生规则的因子序列(十分有用)。函数的用法是 gl(k,n),其中 k 是水平数(或类别数),n 是每个水平重复的次数。此函数有两个选项:length 用来指定产生数据的个数,labels 用来指定每个水平因子的名字。例如:

```
>gl(3,5)
[1] 1 1 1 1 1 2 2 2 2 2 3 3 3 3 3
Levels:1 2 3
>gl(3,5,length=30)
[1] 1 1 1 1 1 2 2 2 2 2 3 3 3 3 3 1 1 1 1 1 2 2 2 2 2 3 3 3 3 3
Levels:1 2 3
>gl(2,6,label=c("Male","Female"))
[1] Male Male Male Male Male Male
[7] Female Female Female Female Female Female
Levels:Male Female
```

三、数学运算

向量型数据可以进行各种常规的算术运算,不同长度的向量也可以相加(乘),这种情况下最短的向量将被循环使用。例如：

```
>x<-1:4
>y<-1:2
>z<- x+y
>z
[1] 2 4 4 6
>x*y
[1] 1 4 3 8
```

R 中可以找到所有的基本数学函数(log,exp,log10,log2,sin,cos,tan,asin,acos,atan,abs,sqrt,…)与各种统计学中有用的专业函数。如：

```
>exp(x)      #返回 x 中元素的自然指数
[1]  2.718282   7.389056   20.085537   54.598150
>log(x)          #返回 x 中元素的自然对数
[1] 0.0000000   0.6931472   1.0986123   1.3862944
>cumprod(x)   #返回一个向量，它的第 i 个元素是从 x[1]到 x[i]的乘积
[1]   1   2   6   24
```

矩阵的转置由函数 t()完成(也可用于数据框)，函数 diag()可以用来提取或修正一个矩阵的对角元素，或者创建一个对角矩阵。

```
>m<- matrix(1:6,nr=2)
>m
        [,1]  [,2]  [,3]
[1,]     1     3     5
[2,]     2     4     6
>t(m)
        [,1]  [,2]
[1,]     1     2
[2,]     3     4
[3,]     5     6
>diag(matrix(1:4,nr=2))
[1] 1 4
>n<- c(10,20,30)
>d<- diag(n)
>d
   [,1]  [,2]   [,3]
[1,]10     0      0
```

```
[2,] 0    20     0
[3,] 0     0    30
```

两矩阵乘积的运算符是“% *%”，A*B 表示矩阵中对应元素的乘积(两矩阵维数相同)。

```
> A<- array(1:9,dim=(c(3,3)))
> B<- array(9:1,dim=(c(3,3)))
> C<- A*B;C
     [,1] [,2] [,3]
[1,]   9   24   21
[2,]  16   25   16
[3,]  21   24    9
> D<- A% *% B; D
     [,1]  [,2]  [,3]
[1,]   90   54   18
[2,]  114   69   24
[3,]  138   84   30
```

R 中还有一些专门用于矩阵计算的函数，如可以使用 solve()求矩阵的逆，用 qr()来分解矩阵，用 eigen()来计算特征值和特征向量，用 svd()来做奇异值分解。

R 中可以进行数学运算的函数非常多，这里不再列出。

第五节　R 中数据文件的读写

R 使用工作目录来表示文件读取和写入的硬盘存储路径，可以使用命令 getwd()(获得当前工作目录)来找到目录。如果一个文件不在工作目录里则必须给出它的路径，可以使用命令 setwd("C:/data") 或者 setwd("/home/paradis/R") 来改变目录，Windows 用户也可通过窗口界面(Rgui)的“文件”菜单中“改变工作目录…”来改变目录。

一、文件读取

R 可以用下面的函数读取存储在文本文件(ASCII)中的数据：read. table，scan 和 read. fwf(其中有若干参数，详见 R 在线帮助)。R 也可以读取其他格式的文件(Excel，SAS，SPSS，…)和访问 SQL 类型的数据库，但是 R 基础包中并不包含所需的这些函数，可以加载“foreign”或其他程序包。

函数 read. table 用来创建一个数据框，所以它是读取表格形式的数据的主要方法。举例来说，对于一个名为 data. dat 的文件，命令：

```
>mydata<-read.table("data.dat")
```

将创建一个数据框名为mydata,数据框中每个变量也都将被命名,缺省值为V1,V2,…,并且可以单独地访问每个变量,代码为:mydata$V1,mydata$V2,…,或者用mydata["V1"],mydata["V2"],…,或者还有一种方法,mydata[,1],mydata[,2],…。注意这几种方法的结果是有区别的:mydata$V1和mydata[,1]是向量,而mydata["V1"]是数据框。

read.table的几个变种因为使用了不同的缺省值可以用在几种不同情况下:

```
read.csv(file,header=TRUE,sep=",",quote="\"",dec=".",fill=TRUE)
read.csv2(file,header=TRUE,sep=";",quote="\"",dec=",",fill=TRUE)
read.delim(file,header=TRUE,sep="\t",quote="\"",dec=".",fill=TRUE)
read.delim2(file,header=TRUE,sep="\t",quote="\"",dec=",",fill=TRUE)
```

注:对于以Excel表格形式存储的文件,建议Windows用户将其另存为CSV(逗号分隔)格式的文件(扩展名为.csv),然后用read.csv命令读取。这是因为,如果用"foreign"或其他程序包的函数来读取扩展名为.xls的Excel文件,Windows系统可能会不稳定。

函数scan比read.table要更加灵活,它们的区别之一是前者可以指定变量的类型,例如:

```
>mydata<-scan("data.dat",what=list("",0,0))
```

读取了文件data.dat中三个变量,第一个是字符型变量,后两个是数值型变量。另一个重要的区别在于scan()可以用来创建不同的对象、向量、矩阵、数据框、列表等。在上面的例子中,mydata是一个有三个向量的列表。在缺省情况下,也就是说,如果what被省略,scan()将创建一个数值型向量。如果读取的数据类型与缺省类型或指定类型不符,则将返回一个错误信息。

函数read.fwf可以用来读取文件中一些固定宽度格式的数据:

```
read.fwf(file,widths,sep="\t",as.is=FALSE,skip=0,row.names,col.names,n=-1)
```

除了widths用来说明读取字段的宽度外,选项与read.table()基本相同。

二、文件写入

函数write.table可以在文件中写入一个对象,一般是写一个数据框,也可以是其他类型的对象(向量、矩阵等)。参数和选项:

```
write.table(x,file=" ",append=FALSE,quote=TRUE,sep=" ",eol="\n",na="NA",dec=".",row.names=TRUE,col.names=TRUE,qmethod=c("escape","double"))
```

若想用更简单的方法将一个对象写入文件,可以使用命令write(x,file="data.txt"),其中x是对象的名字(它可以是向量、矩阵,或者数组)。这里有两个选项:nc(或者ncol),用来定义文件中的列数(在缺省情况下,如果x是字符型数据,则nc=1;对于其他数据类型nc=5);append(一个逻辑值),若为TRUE则添加数据时不删除那些可能已存在在文件中的数据,若为 FALSE(缺省值)则删除文件中已存在的数据。

要记录一组任意数据类型的对象,我们可以使用命令 save(x,y,z,file="xyz.RData")。可以使用选项 ASCII=TRUE 使得数据在不同的机器之间转移更简易。数据(用 R 的术语来说叫做工作空间)可以在使用 load("xyz.RData")之后被加载到内存中。函数 save.image()是 save(list=ls(all=TRUE),file=".RData")的一个简洁方式。

习 题

1. 启动 R,并进行简单的赋值与数学运算。

2. 安装并加载概率统计教学演示 R 程序包"TeachingDemos"与概率统计动态演示 R 程序包"animation",运行"TeachingDemos"与"animation" 程序包中的部分示例程序。

3. 安装并加载 R 程序包"Rcmdr",熟悉使用其菜单界面。

4. 存储内存中的所有数据到文件"my.data"中。

第二章　常用统计量的计算与统计图表的绘制

第一节　常用统计量的计算

一、平均数

平均数是统计学中最常用的统计量，用来表明资料中各观测值相对集中较多的中心位置。平均数主要包括有算术平均数(arithmetic mean)、中位数(median)、众数(mode)、几何平均数(geometric mean)及调和平均数(harmonic mean)。

(1)算术平均数　是指资料中各观测值的总和除以观测值个数所得的商，简称平均数或均数，记为 $\bar{x}$。计算公式为：

$$\bar{x}=\frac{x_1+x_2+\cdots+x_n}{n}=\frac{\sum_{i=1}^{n}x_i}{n}$$

例 2.1　随机抽取 20 株小麦，其株高(cm)分别为 82,79,85,84,86,84,83,82,83,83,84,81,80,81,82,81,82,82,82,80，求小麦的平均身高。

R 中算术平均数的计算过程如下：

```
>x<- c(82,79,85,84,86,84,83,82,83,83,84,81,80,81,82,81,82,82,82,80)
>mean(x)
[1] 82.3
```

(2)中位数　将资料内所有观测值从小到大依次排列，位于中间的那个观测值，称为中位数，记为 M_d。当观测值的个数是偶数时，则以中间两个观测值的平均数作为中位数。中位数简称中数。当所获得的数据资料呈偏态分布时，中位数的代表性优于算术平均数。

例 2.1 中位数的计算过程如下：

```
>median(x)
[1] 82
```

(3)众数　资料中出现次数最多的那个观测值或次数最多一组的组中值，称为众数，记为 M_0。

例 2.1 众数的计算过程如下：

```
>Mo<- as.numeric(names(table(x)[which.max(table(x))]))
>Mo
[1] 82
```

注：R 基本包中没有众数的计算函数，需要编写，本例中主要使用了“table”函数，用户可以查看相关帮助。

(4)几何平均数　n 个观察值，其乘积开 n 次方，即为几何平均数，用 G 代表。它主要应用于种群增长率，抗体的滴度，药物的效价，疾病的潜伏期等平均数的计算，用几何平均数比用算术平均数更能代表其平均水平。

例 2.2 检测 10 例 SARS 患者发病后 6 个月血清中特异性 IgG 抗体滴度，获得如下结果：1∶40，1∶80，1∶10，1∶160，1∶10，1∶80，1∶20，1∶40，1∶80，1∶20，试求其平均抗体滴度。

R 中几何平均数的计算过程如下：

```
>x<- c(40,80,10,160,40,80,80,40,80,20)
>G<- prod(x)^(1/length(x))
>G
[1] 49.24578
```

其平均抗体滴度为 1∶49。

(5)调和平均数　资料中各观测值倒数的算术平均数的倒数，称为调和平均数，记为 H，即：

$$H=\frac{1}{\frac{1}{n}\left(\frac{1}{x_1}+\frac{1}{x_2}+\cdots+\frac{1}{x_n}\right)}=\frac{1}{\frac{1}{n}\sum_{i=1}^{n}\frac{1}{x_i}}$$

调和平均数主要用于反映种群不同阶段的平均增长率或不同规模的平均规模。

例 2.3 某保种牛群不同世代牛群保种的规模分别为：0 世代 200 头，1 世代 220 头，2 世代 210 头；3 世代 190 头，4 世代 210 头，试求其平均规模。

R 中调和平均数的计算过程如下：

```
>x<- c(200,220,210,190,210)
>H<-((sum(x^(- 1))/length(x)))^(- 1)
>H
[1] 205.4872
```

对于同一资料，算术平均数＞几何平均数＞调和平均数。

上述五种平均数，最常用的是算术平均数。

二、变异数

平均数只是反映了数值资料的一个方面的特征，即集中程度，资料的另一方面的特征是变异程度。表示数据变异特征的数值叫变异数。常用的变异数有：极差（range）、方差（variance）、标准差（standard deviation，Sd）、变异系数（coefficient of variability，CV）。

（1）极差　是资料中最大值与最小值之差，又称全距，记为 R。

例 2.1 极差的计算过程如下：

```
>R<- max(x)- min(x)
>R
[1] 7
```

（2）方差　离均差平方和的平均数。样本方差，记为 S^2；对于有限总体，方差记为 σ^2。

$$S^2 = \frac{\sum_{i=1}^{n}(x_i - \bar{x})^2}{n-1}$$

$$\sigma^2 = \frac{\sum_{i=1}^{N}(x_i - \mu)^2}{N}$$

（3）标准差　统计学上把样本方差 S^2 的平方根叫做样本标准差，记为 S；相应的总体标准差，记为 σ。

$$S = \sqrt{\frac{\sum(x_i - \bar{x})^2}{n-1}} \quad (i = 1,2,\cdots,n)$$

$$\sigma = \sqrt{\frac{\sum(x_i - \mu)^2}{N}} \quad (i = 1,2,\cdots,N)$$

例 2.1 样本方差和样本标准差的计算过程如下：

```
>var(x)
[1] 3.063158
>sd(x)
[1] 1.750188
```

（4）变异系数　标准差与平均数的比值称为变异系数，记为 CV。变异系数可以消除单位和（或）平均数不同对两个或多个资料变异程度比较的影响。

$$\mathrm{CV} = \frac{S}{x} \times 100\%$$

例 2.1 样本方差和样本标准差的计算过程如下：

```
>CV<- sd(x)/mean(x)
>CV
[1] 0.02126595
```

三、分布的偏度与峰度

偏度，又称偏斜度，是用于衡量分布的不对称程度或偏斜程度的指标。当分布对称时，它的所有奇数阶中心矩均为0，要判断分布是否对称，可考虑用奇数阶中心矩测定。一阶中心矩恒为0，五阶以上的中心矩计算较为繁琐，使用最广泛的偏度指标就是以三阶中心矩来测定的。由于三阶中心矩含有计量单位，为消除计量单位的影响，以标准差的三次方除之。

三阶中心矩的定义如下：

$$m_3 = \frac{\sum (x_i - \bar{x})^3}{n} \quad (i = 1,2,\cdots,n)$$

偏度是以标准差的三次方去除三阶中心矩，用公式表示为：

$$g_1 = \frac{m_3}{m_2^{3/2}}$$

式中，m_2 称为二阶中心矩，$m_2 = \dfrac{\sum (x_i - \bar{x})^2}{n} \quad (i = 1,2,\cdots n)$。

正态分布曲线左右完全对称，三阶中心矩等于0，即 $g_1=0$。当分布不对称时，则三阶中心矩不为0，依其分布的偏斜程度使 g_1 大于0或小于0。如图2-1所示，当 $g_1=0$ 时为正态分布；当 $g_1>0$ 时为正偏斜；当 $g_1<0$ 时为负偏斜。

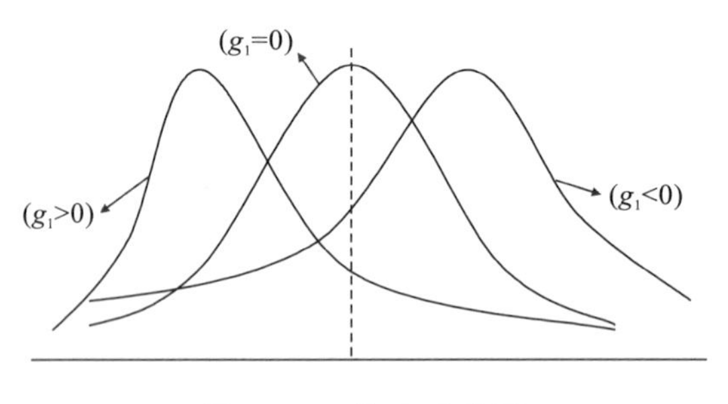

图2-1　偏度示意图

R中计算方法如下(数据见例2.1)：

```
>skewness<-function(x){
  (sum(((x-mean(x))^3))/length(x))/(sd(x)^3)
  }
>skewness(x)
[1] 0.1779485
```

峰度，又称峭度，是用于衡量分布的集中程度或分布曲线的尖峭程度的指标。峰度指标 g_2 的计算公式如下：

$$g_2 = \frac{m_4}{m_2^2} - 3$$

式中，m_4 称为四阶中心矩，$m_4 = \dfrac{\sum (x - \bar{x})^4}{n}$，$m_2$ 称为二阶中心矩，计算公式同上。

分布曲线的尖峭程度与偶数阶中心矩的数值大小有直接的关系，m_2 是方差，以四阶中心矩 m_4 度量分布曲线的尖峭程度。m_4 含有计量单位，其计量单位同 σ^4 。为消除计量单位的影响，将 m_4 除以 σ^4 ，就得到无量纲的相对数。因为衡量分布的集中程度或分布曲线的尖峭程度是以正态分布的峰度作为比较标准的，在正态分布条件下，$\frac{m_4}{\sigma^4} \equiv 3$ ，将各种不同分布的尖峭程度与正态分布比较，即 $\frac{m_4}{\sigma^4} - 3$，就得到峰度指标 g_2 的测定公式。

当峰度指标 $g_2 > 0$ 时，表示分布比正态分布更集中在平均数周围，分布呈尖峰状态；$g_2 = 0$ 分布为正态分布；$g_2 < 0$ 时，表示分布比正态分布更分散，分布呈低峰态，如图 2-2 所示。

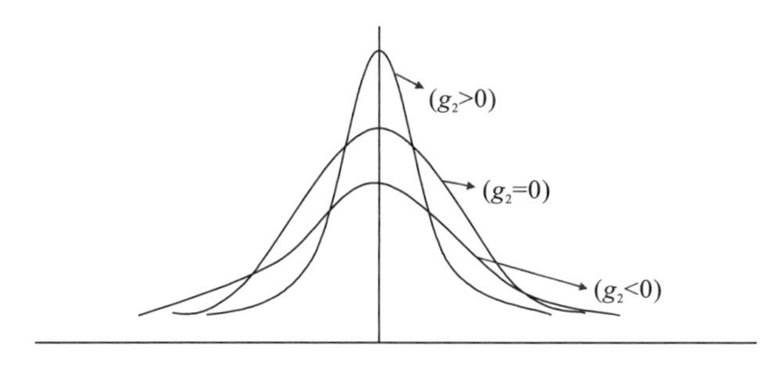

图 2-2　峰度示意图

R 中计算方法如下(数据见例 2.1)：

```
>kurtosis<- function(x){
+(sum((x - mean(x))^4)/length(x))/(var(x)^2) - 3
+}
>kurtosis(x)
[1] - 0.6046198
```

注：R 的扩展程序包 timeDate 已经提供了函数 skewness()和 kurtosis()用来求样本的偏度和峰度，结果同上。

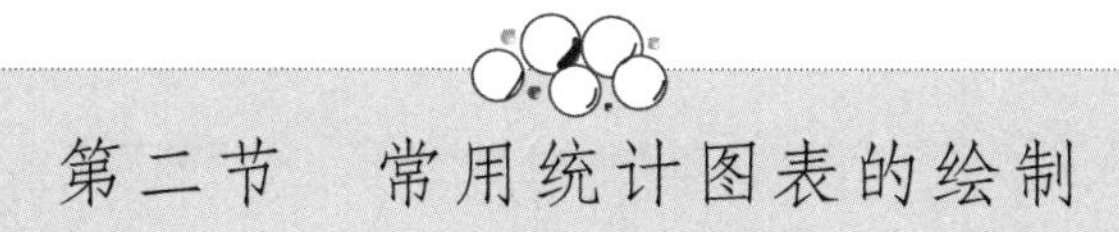

第二节　常用统计图表的绘制

统计表是用表格形式来表示数量关系；统计图是用几何图形来表示数量关系。用统计表与统计图，可以把研究对象的特征、内部构成、相互关系等简明、形象地表达出来，便于比较分析。

一、次数(频数)分布表的编制

对原始资料进行检查核对后,根据资料中观测值的多少确定是否分组。当观测值不多($n\leqslant30$)时,不必分组,直接进行统计分析。当观测值较多($n>30$)时,宜将观测值分成若干组,以便统计分析。将观测值分组后,制成次数分布表,即可看到资料的集中和变异情况。不同类型的资料,其整理的方法略有不同。

一般采用组距式分组法进行分组,分组前先确定全距、组数、组距、各组上下限,然后计算各组的次数、频率和累计频率等。

例 2.4 下面以 150 尾鲢鱼体长资料的整理为例(表 2-1),说明原始资料的分组整理。

表 2-1 150 尾鲢鱼体长的原始资料

56	49	62	78	41	47	65	45	58	55	52	52	60	51	62	78	66	45	58	58	56	46	58	70
72	76	77	56	66	58	63	57	65	85	59	58	54	62	48	63	58	52	54	55	66	52	48	56
75	55	63	75	65	48	52	55	54	62	61	62	54	53	65	42	83	66	48	53	58	57	60	54
58	49	52	56	82	63	61	48	70	69	40	56	58	61	54	53	52	43	58	52	56	61	59	54
59	64	68	51	55	47	56	58	64	67	72	58	54	52	46	57	38	39	64	62	63	67	65	52
59	60	58	46	53	57	37	62	52	59	65	62	57	51	50	48	46	58	64	68	69	73	52	48
65	72	76	56	58	63																		

R 中分组计算过程如下:

```
>attach(read.table("e:\\Documents\\rdata\\md.csv",header=TRUE));# 自 Excel 中载入数据
>h<-hist(data,plot="FALSE");
>b<-paste(h$_breaks[1:(length(h$_breaks)-1)]+1,h$_breaks[2:(length(h$_breaks))],sep="~");
>as.data.frame(list("组限"=b,"组中值"=h$_mids,"次数"=h$_counts,"频率"=h$_counts/sum(h$_counts),"累积频率"=cumsum(h$_counts/sum(h$_counts))));
```

	组限	组中值	次数	频率	累积频率
1	36~40	37.5	4	0.02666667	0.02666667
2	41~45	42.5	5	0.03333333	0.06000000
3	46~50	47.5	16	0.10666667	0.16666667
4	51~55	52.5	32	0.21333333	0.38000000
5	56~60	57.5	38	0.25333333	0.63333333

```
6    61～65   62.5   29   0.19333333   0.82666667
7    66～70   67.5   12   0.08000000   0.90666667
8    71～75   72.5    6   0.04000000   0.94666667
9    76～80   77.5    5   0.03333333   0.98000000
10   81～85   82.5    3   0.02000000   1.00000000
```

二、统计图

常用的统计图有条形图（bar chart）、饼图（pie chart）、直方图（histogram）、折线图（broken－line chart）和散点图（scatter chart）等。图形的选择取决于资料的性质，一般情况下，计量资料采用直方图和折线图，计数资料、质量性状资料、半定量（等级）资料常用条形图或饼图。

（1）条形图　用等宽长条的长短或高低表示按某一研究指标划分属性种类或等级的次数或频率分布。常用的有单式条形图、复式条形图和分段条形图。如果只涉及一项指标，则采用单式条形图，如图 2－3；如果比较两种或两种以上有关事物的数量，则采用复式条形图，如图 2－4；如果比较多种指标的全部与部分的关系，可采用分段条形图，如图 2－5。

例 2.5　根据表 2－2 某医院十年来六种疾病住院患者死亡人数绘制单式条形图。

表 2－2　某医院十年来六种疾病住院患者死亡人数

病名	瘤（癌）	脑外伤	心脏病	白血病	脑溢血	肺炎
死亡人数（人）	187	44	42	38	32	29

R 的实现过程如下：

```
>x<-c(187,44,42,38,32,29);
>y<-c("瘤(癌)","脑外伤","心脏病","白血病","脑溢血","肺炎");
>barplot(x,names.arg=y,ylim=c(0,200),col=rainbow(18),ylab="死亡人数",axes="TRUE",
sub="图 2-3 某医院十年来六种疾病住院患者死亡人数");
```

下面，我们再以 R 中绘图函数 barplot 的示例数据说明复式条形图和分段条形图的实现与应用。

例 2.6　弗吉尼亚州（Virginia）1940 年不同年龄段人口死亡率（表 2－3）。

R 的实现过程如下：

```
>require(grDevices);
>barplot(VADeaths,beside=TRUE,
+          col=c("lightblue","mistyrose","lightcyan",
+                "lavender","cornsilk"),
```

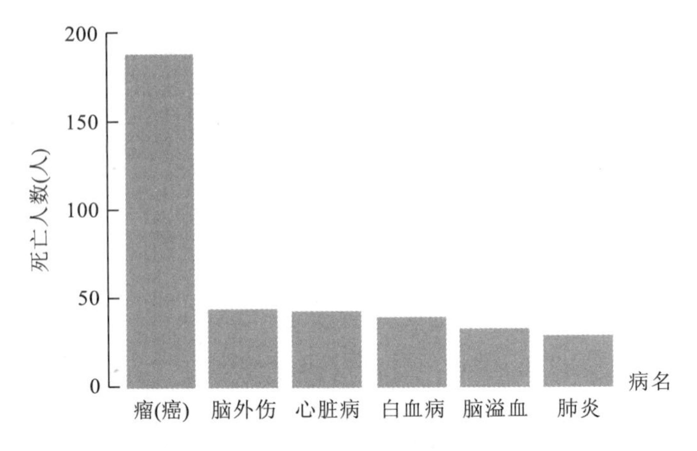

图 2-3 某医院十年来六种疾病住院患者死亡人数

```
+             legend=rownames(VADeaths),ylim=c(0,100))
>title(main="Death Rates in Virginia - 1940",sub="图 2-4  弗吉尼亚州 1940 年人口死亡率(复式条形图)",font=4)
>barplot(VADeaths,col=c("blue","green",
+                         "yellow","red","black"),
+             legend=rownames(VADeaths))
>title(sub="图 2-5  弗吉尼亚州 1940 年人口死亡率(分段条形图)",font=4)
```

表 2-3 弗吉尼亚州不同年龄段人口的死亡率(%)

年龄(岁)	农村男性	农村女性	城市男性	城市女性
50～54	11.7	8.7	15.4	8.4
55～59	18.1	11.7	24.3	13.6
60～64	26.9	20.3	37.0	19.3
65～69	41.0	30.9	54.6	35.1
70～74	66.0	54.3	71.1	50.0

(2)饼图　饼(圆)图用扇形的面积，也就是圆心角的度数来表示数量。它用来表示组数不多的品质资料或间断性数量资料的内部构成，各部分百分比之和必须是 100%。饼图展示数据的能力较差，因为我们的眼睛对长度单位比较敏感，而对关联区域和角度感觉较差。建议使用条形图和点图。

例 2.7　根据表 2-4 中的数据用饼图显示四种动物性食品营养成分的组成(图 2-6)。

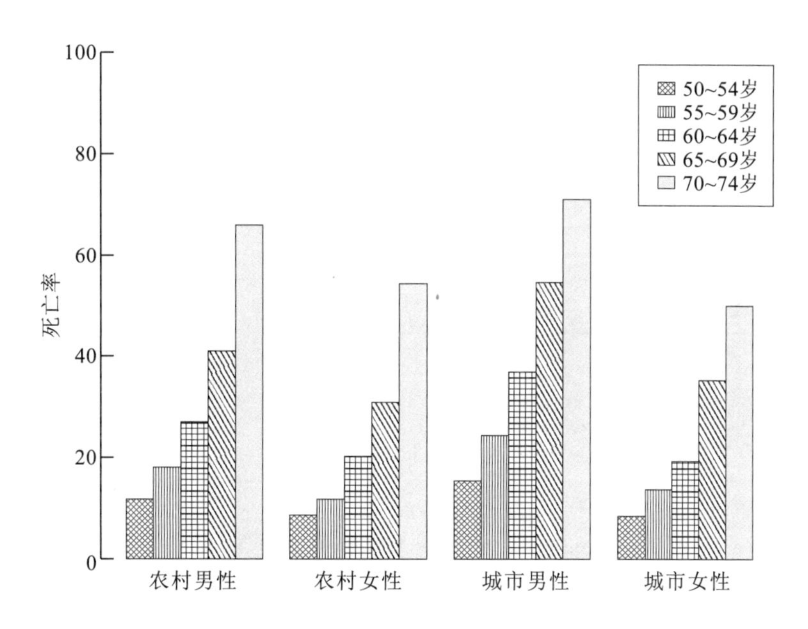

图 2-4 弗吉尼亚州 1940 年不同年龄段人口死亡率复式条形图

注:R 中导出的原图是彩色的,本书出版时已作后期处理,下同。

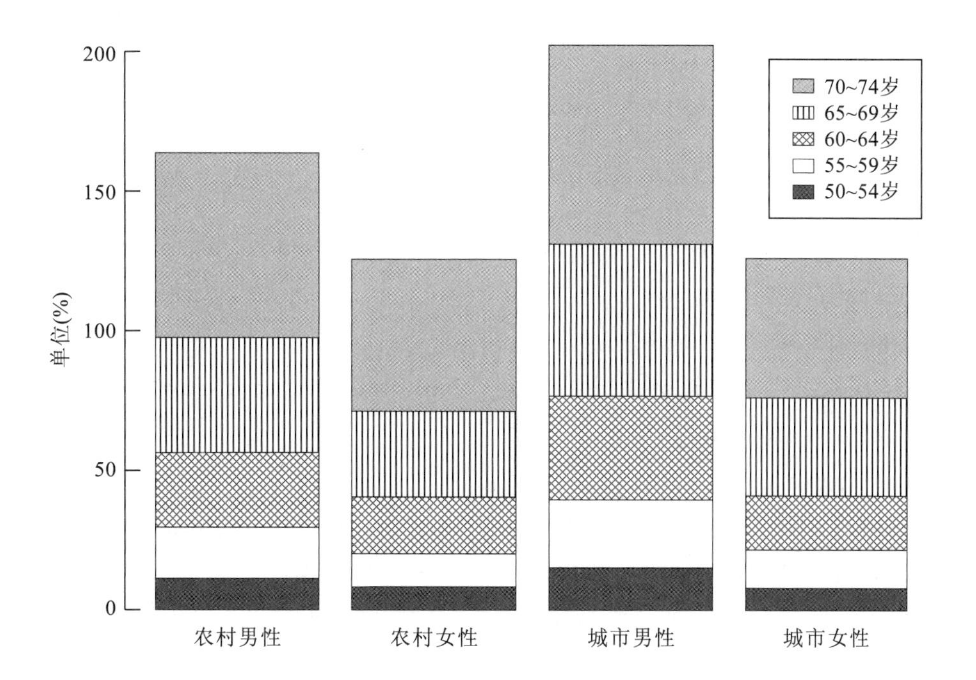

图 2-5 弗吉尼亚州 1940 年不同年龄段人口死亡率分段条形图

表 2-4　几种动物性食品的营养成分

食品	比率(%)					
	蛋白质	脂肪	糖类	无机盐	水分	其他
牛奶	3.3	4.0	5.0	0.7	87.0	—
牛肉	19.2	9.2	—	1.0	62.1	8.5
鸡蛋	11.9	9.3	1.2	0.9	65.5	11.2
咸带鱼	15.5	3.7	1.8	10.0	29.0	40.0

R的实现过程如下：

```
>a<- c(3.3,19.2,11.9,15.5,4,9.2,9.3,3.7,5,0,1.2,1.8,
+0.7,1,0.9,10,87,62.1,65.5,29,0,8.5,11.2,40);
>x<- matrix(a,4,6);colnames(x)<- c('蛋白质','脂肪','糖类','无机盐','水分','其他')
>split.screen(c(1,5));
[1] 1 2 3 4 5
>par(mar=c(0,0,0,0));
>pie(x[1,],edges=360,labels="",col=c("red","blue","green","yellow","snow","black"));
>text(locator(1),"牛奶");
>screen(2);par(mar=c(0,0,0,0));
>pie(x[2,],edges=360,labels="",col=c("red","blue","green","yellow","snow","black"));
>text(locator(1),"牛肉");
>screen(3);par(mar=c(0,0,0,0));
>pie(x[3,],edges=360,labels="",col=c("red","blue","green","yellow","snow","black"));
>text(locator(1),"鸡蛋");
>screen(4);par(mar=c(0,0,0,0));
>pie(x[4,],edges=360,labels="",col=c("red","blue","green","yellow","snow","black"));
>text(locator(1),"咸带鱼");
>screen(5);par(mar=c(0,0,0,0));
>legend(0,1,colnames(x),fill=c("red","blue","green","yellow","snow","black"),bty="n")
>close.screen(all=TRUE);
>title(sub="图 2-6　四种动物性食品的营养成分",font=4);
```

(3)直方图　又称矩形图，适用于表示计量资料的次数分布。其作法是：在横轴上标记组限，纵轴标记次数，在各组上作出其高等于次数的矩形，即得次数分布直方图。

(4)折线图　又称多边形图，也适用于表示计量资料的次数分布。其作法是：在横轴上标记组中值，纵轴上标记次数，以各组组中值为横坐标，次数为纵坐标描点，用线段依次

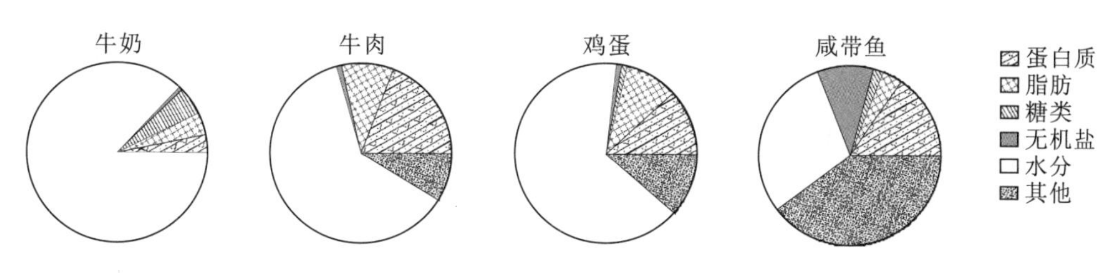

图 2－6　四种动物性食品的营养成分

连接各点，即可得次数分布折线图。

（5）散点图　又称散布图，适用于表示计数资料和计量资料的次数分布。图中横坐标与纵坐标分别表示不同的变量，以各点分布的走向和密集程度来反映变量之间的相关情况。

例 2.8　以 150 尾鲢鱼体长资料（表 2－1）作出次数分布直方图（图 2－7）、折线图（图 2－8）和散点图（图 2－9）。

R 的实现过程如下：

```
>attach(read.table("e:\\Documents\\rdata\\md.csv",header=TRUE));# 自 Excel 中载入数据
>hist(data,xlab="",xlim=c(30,90),ylim=c(0,40),main=" ",sub="图 2-7　鲢鱼体长次数分布直方图");
>b<-hist(data,plot=FALSE);
>plot(b$mids,b$counts,type="o",col="blue",xlab="",ylab=" ",sub="图 2-8　鲢鱼体长次数分布折线图");
>plot(b$mids,b$counts,col="blue",xlab="",ylab="",sub="图 2-9　鲢鱼体长次数分布散点图")
```

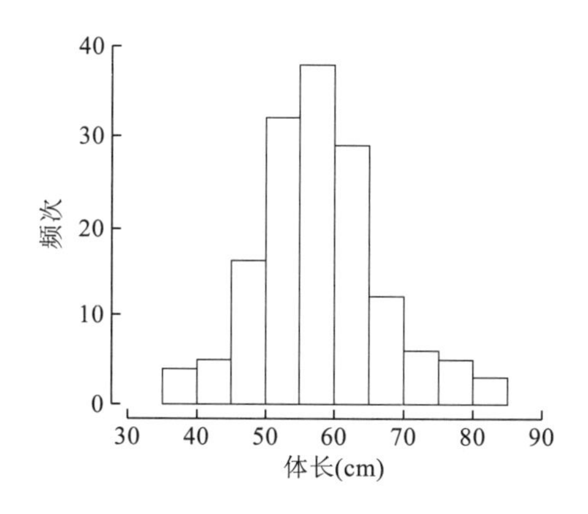

图 2－7　鲢鱼体长次数分布直方图

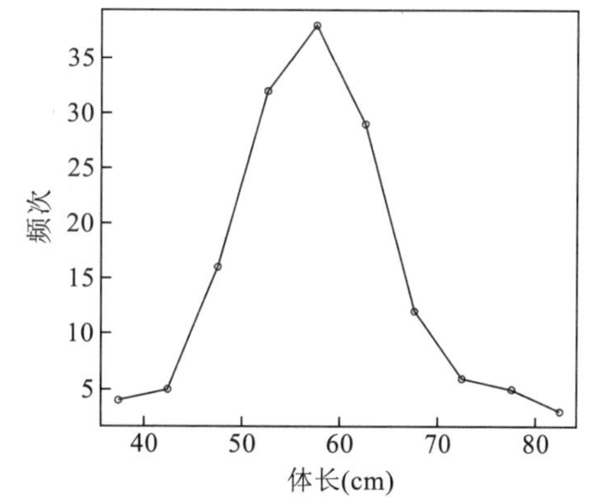

图 2－8　鲢鱼体长次数分布折线图

例 2.9　根据黑龙江雌性鲟鱼体长（cm）和体重（kg）的测定结果（表 2－5）绘制散点图（图 2－10）。

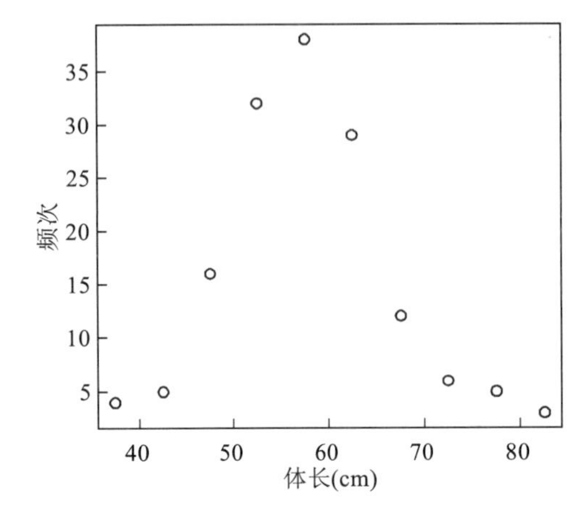

图 2-9　鲢鱼体长次数分布散点图

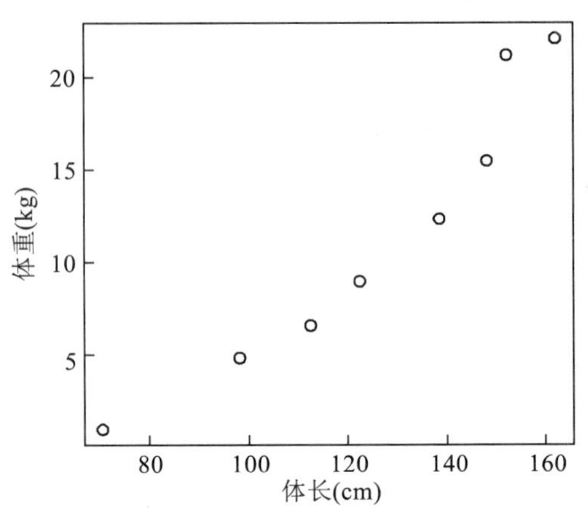

图 2-10　黑龙江雌性鲟鱼体长和体重的测定结果散点图

表 2-5　黑龙江雌性鲟鱼体长(cm)和体重(kg)的测定结果

体长(cm)	70.7	98.25	112.57	122.48	138.46	148	152	162
体重(kg)	1	4.85	6.59	9.01	12.34	15.5	21.25	22.11

R 的实现过程如下：

```
>x<- c(70.7,98.25,112.57,122.48,138.46,148,152,162);
>y<- c(1,4.85,6.59,9.01,12.34,15.5,21.25,22.11);
>plot(x,y,xlab=" ",ylab=" ",sub="图 2-10　黑龙江雌性鲟鱼体长和体重的测定结果散点图");
>mtext("体长",side=1,line=0,at=170,cex=0.9);
>mtext("体重",side=3,line=0.2,adj=0,cex=0.9);
```

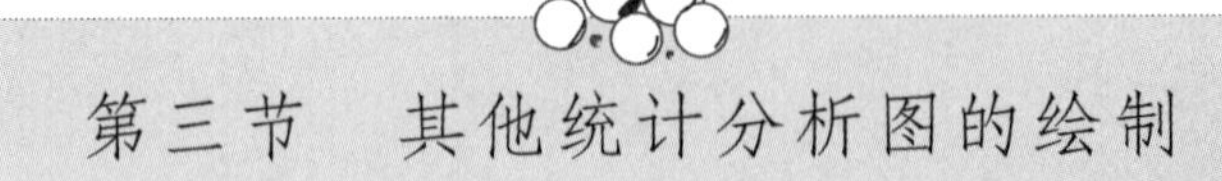

第三节　其他统计分析图的绘制

统计分析的结果经常用多种多样的彩图展示，从而使结果更直观形象，使不理解具体统计理论的读者也能立即读取所获得数据的主要特点，明白作者要表达的意思。用统计分析图，可以把研究对象的特征、内部构成、相互关系等简明、形象地表达出来，便于比较分析。

一、箱线图的绘制

箱线图(Boxplot)或箱须图(Box-whisker Plot)，又称盒形图、箱图、盒子图，在识别统计数据中的异常值中具有重要的作用。所谓异常值，是指样本中的个别观测值，其数值明显偏离它所属样本的其余观测值，分析其产生的原因，从而能更好的利用统计数据和保证统计数据质量。箱线图的绘制依靠实际数据，不需要事先假定数据服从特定的分布形式，没有对数据作任何限制性要求，它只是真实直观地表现数据形状的本来面貌；另一方面，箱线图判断异常值的标准以四分位数和四分位距为基础，四分位数具有一定的耐抗性，多达25%的数据可以变得任意远而不会很大地扰动四分位数，所以异常值不能对这个标准施加影响，箱线图识别异常值的结果比较客观。由此可见，箱线图在识别异常值方面有一定的优越性。

例 2.10　以例2.4中150尾鲢鱼体长资料数据作箱线图(图2-11)。

在R软件中，用boxplot()函数作箱线图，其实现过程如下：

```
>attach(read.table("e:\\Documents\\rdata\\md.csv",header=TRUE)); # 自Excel中载入数据
>boxplot(data,xlab=" ",ylab="体长(cm)")
```

注：在箱线图中，上(Q3)下(Q1)四分位数分别确定出中间箱体的顶部和底部。箱体中间的粗线是中位数所在的位置。由箱体向上下伸出的垂直部分称为“触须”，表示数据的散步范围，最远点为1.5倍四分位数间距。超出此范围的点称为异常值点，异常值点用“o”号表示。箱线图是利用数据中的五个统计量——最小值、第一四分位数、中位数、第三四分位数与最大值来描述数据的一种方法，它也可以粗略地看出数据是否具有对称性，分布的分散程度等信息，特别能直观明了地识别数据批中的异常值。一批数据中的异常值值得关注，忽视异常值的存在是十分危险的，不加剔除地把异常值包括进数据的计算分析过程中，对结果会带来不良影响；重视异常值的出现，分析其产生的原因，常常成为发现问题进而改进决策的契机。箱线图为我们提供了识别异常值的一个标准：异常值被定义为小于Q1－1.5IQR或大于Q3＋1.5IQR的值。虽然这种标准有点任意性，但它来源于经验判断，经验表明它在处理需要特别注意的数据方面表现不错。这与识别异常值的经典方法有些不同。众所周知，基于正态分布的3σ法则或z分数方法是以假定数据服从正态分布为前提的，但实际数据往往并不严格服从正态分布。它们判断异常值的标准是以计算数据批的均值和标准差为基础的，而均值和标准差的耐抗性极小，异常值本身会对它们产生较大影响，这样产生的异常值个数不会多于总数的0.7%。显然，应用这种方法于非正态分布数据中判断异常值，其有效性是有限的。

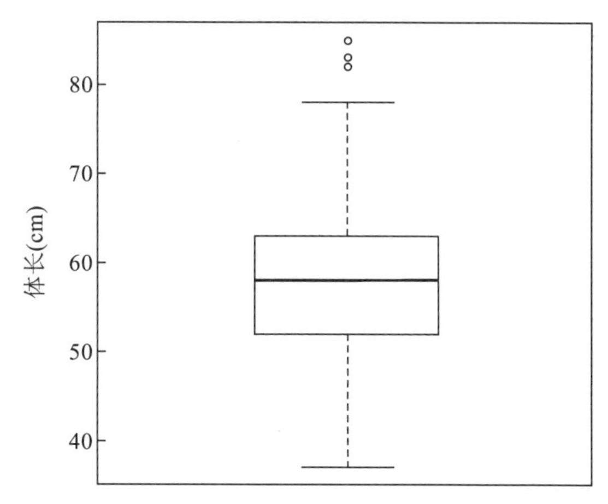

图2-11　鲢鱼体长资料箱线图

例 2.11　R 中 boxplot 函数还可以对方差分析中多种处理的数据直接作箱线图进行统计比较(图 2-12)。

以 R 软件包中自带的“InsectSprays”数据，示例如下：

```
>InsectSprays   # 显示数据
   count spray
1     10     A
2      7     A
3     20     A
4     14     A
5     14     A
6     12     A
7     10     A
8     23     A
9     17     A
10    20     A
11    14     A
12    13     A
13    11     B
14    17     B
15    21     B
16    11     B
……# 其余数据输出已省略
>boxplot(count~spray,data=InsectSprays,notch=TRUE,col="blue")
```

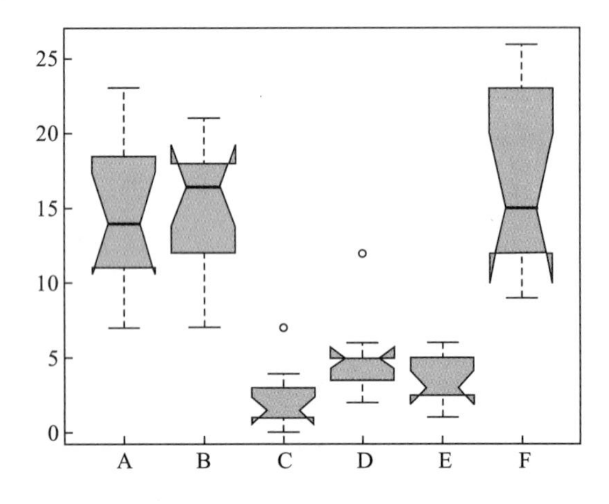

图 2-12　InsectSprays 多组数据箱线图

二、维恩图的绘制

维恩图，也叫文氏图、温氏图、韦恩图，用于显示元素集合重叠区域的图示，展示在不同的事物群组（集合）之间的数学或逻辑联系，尤其适合用来表示集合（或）类之间的"大致关系"，它也常常被用来帮助推导（或理解推导过程）关于集合运算（或类运算）的一些规律。欧拉图可能在外观上同维恩图是一致的，它们之间的区别只在于它们的应用领域中，就是说在被分割的全集的类型中。欧拉图展示对象的特定集合，维恩图的概念更适用于可能的联系。

例 2.12　R 中提供了多个可用于绘制维恩图的软件包，如 VennDiagram 包和 Vennerable 包（函数 Venn），下面利用 VennDiagram 包的通用函数 venn. diagram 绘制 4 个集合的维恩图（图 2－13）和 3 个集合的欧拉图（图 2－14）。

R 中实现过程如下：

```
>library(VennDiagram)
载入需要的程辑包：grid
>venn.plot<- venn.diagram(
+        x=list(
+            I=c(1:60,61:105,106:140,141:160,166:175,176:180,181:205,
+            206:220),
+            IV=c(531:605,476:530,336:375,376:405,181:205,206:220,166:175,
+            176:180),
+            II=c(61:105,106:140,181:205,206:220,221:285,286:335,336:375,
+            376:405),
+            III=c(406:475,286:335,106:140,141:160,166:175,181:205,336:375,
+            476:530)
+            ),
+        filename=NULL,col="black",lwd=4,
+        fill=c("cornflowerblue","green","yellow","darkorchid1"),
+        label.col=c("orange","white","darkorchid4","white","white","white",
+          "white","white","darkblue","white",
+          "white","white","white","darkgreen","white"),
+        alpha=0.50,cex=2.5,
+        fontfamily="serif",fontface="bold",
+        cat.col=c("darkblue","darkgreen","orange","darkorchid4"),
+        cat.cex=2.5,cat.fontfamily="serif"
+        );
```

```
> grid.draw(venn.plot)
> euler.plot<- venn.diagram(
+       x=list("Num A"=1:100,"Num B"=c(61:70,71:100),"Num C"=c(41:60,61:70)),
+       euler.d=TRUE,filename=NULL,
+       cat.pos=c(-20,0,20),cat.dist=c(0.05,0.05,0.02),
+       cex=2.5,cat.cex=2.5,
+       reverse=TRUE
+       );
> grid.draw(euler.plot)
```

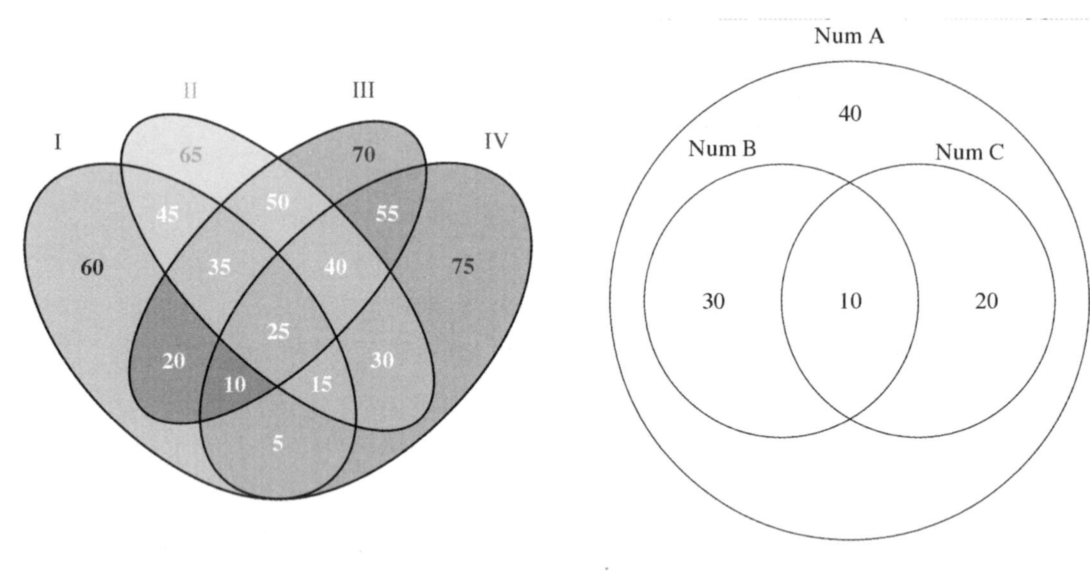

图2-13　4个集合的维恩图　　　　图2-14　3个集合的欧拉图

注1:其中参数 filename 指定用于保存图形文件的文件名,如果希望在当前的图形窗口中看到绘制的维恩图,则 filename 必须为空;若希望将绘制的图形直接保存为某文件,则直接使用 venn.diagram(...,filename= '*')即可完成。参数 fill 表示各个集合对应的圆的填充颜色,col 表示对应的圆周的颜色,而 cat. col 则表示集合名称的显示颜色。lwd 用于设定圆弧的宽度,lty 用于设定圆弧的线型。参数 rotation. degree 则可用于调整图形的旋转角度。参数 euler. d 表示绘制欧拉图。

注 2:有时候我们并不知道各个集合都包含什么元素,而只知道集合及相互之间交集的大小,这个时候我们可以利用 VennDiagram 包的另外几个函数:绘制两个集合的维恩图的 draw. pairwise. venn,3 个集合的 draw. triple. venn,4 个、5 个集合的 draw. quad. venn、draw. quintuple. venn 等。

三、QQ 图的绘制

QQ 图用于直观验证一组数据是否来自于正态分布。对应于正态分布的 QQ 图，是由标准正态分布的分位数为横坐标，样本值为纵坐标的散点图。利用 QQ 图鉴别样本数据是否近似于正态分布，只需要看 QQ 图上的点是否近似地在一条直线附近，而且该直线的斜率为标准差。QQ 图还可获得样本偏度和峰度的粗略信息。

例 2.13 以例 2.4 中 150 尾鲢鱼体长资料数据作 QQ 图(图 2－15)。

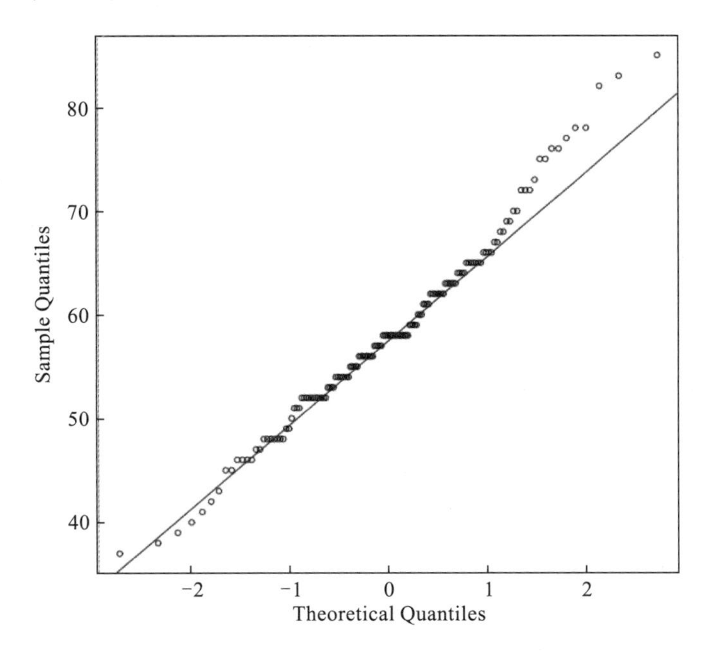

图 2－15 150 尾鲢鱼体长资料数据 QQ 图

在 R 软件中 QQ 图实现过程如下：

```
>attach(read.table("e:\\Documents\\rdata\\md.csv",header= TRUE));# 自 Excel 中载入数据
>qqnorm(data);
>qqline(data);
```

注 1：QQ 图上添加一条直线，这条直线就是用于做参考的，看散点是否落在这条线的附近。直线由 1/4 分位点和 3/4 分位点这两点确定，1/4 分位点的坐标中横坐标为实际数据的 1/4 分位点(quantile(data，0.25))，纵坐标为理论分布的 1/4 分位点，3/4 分位点类似，这两点就刚好确定了 QQ 图中的直线。

注 2：QQ 图用于判断正态分布比较主观，其优点是尾巴敏感。如本例中 QQ 图右尾明显偏离直线。

四、聚类热图的绘制

在基因差异表达数据分析中经常要生成一种直观图——热图(heatmap)。R软件中有多个程序包("ggplot2","gplots","lattice","pheatmap")可以生成聚类热图。

例 2.14 以R软件包pheatmap为例说明热图的制作方法(图2-16)。

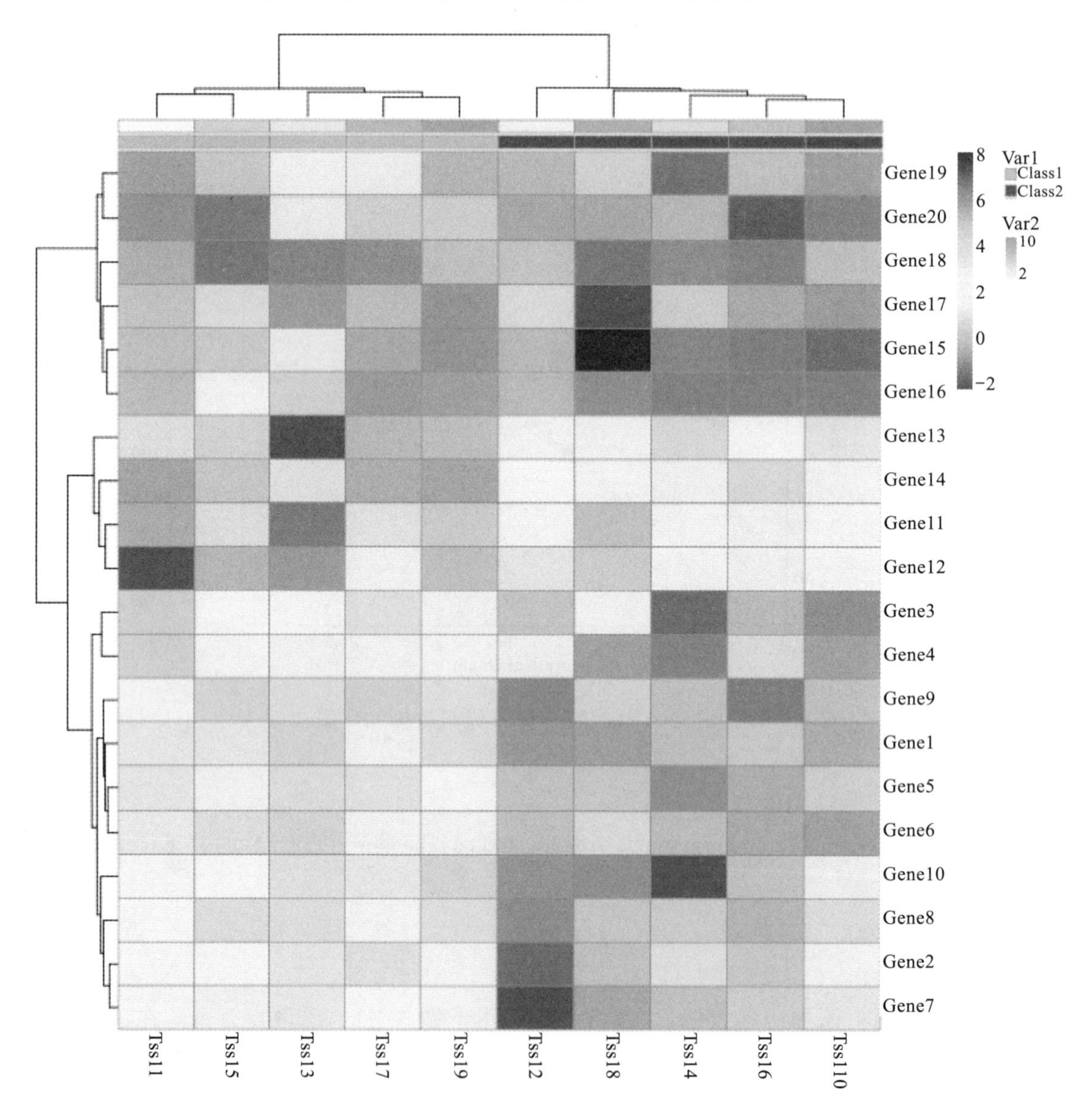

图2-16 pheatmap绘制的聚类热图

在R软件中热图实现过程如下:

```
>library(pheatmap)
>test=matrix(rnorm(200),20,10)   #产生数据
```

```
>test[1:10,seq(1,10,2)]=test[1:10,seq(1,10,2)]+3
>test[11:20,seq(2,10,2)]=test[11:20,seq(2,10,2)]+2
>test[15:20,seq(2,10,2)]=test[15:20,seq(2,10,2)]+4
>colnames(test)=paste("Test",1:10,sep=" ")
>rownames(test)=paste("Gene",1:20,sep=" ")
>annotation=data.frame(Var1=factor(1:10 %% 2==0,
+                              labels=c("Class1","Class2")),Var2=1:10)
>annotation$Var1=factor(annotation$Var1,levels=c("Class1","Class2", "Class3"))
>rownames(annotation)=paste("Test",1:10,sep=" ")
>pheatmap(test,annotation=annotation)
```

习　题

1. 10 头母猪第一胎的产仔数分别为：9、8、7、10、12、10、11、14、8、9 头。试计算这 10 头母猪第一胎产仔数的平均数、标准差和变异系数。

2. 某良种羊群 1995—2000 年 6 个年度分别为 240、320、360、400、420、450 只，试求该良种羊群的年平均增长率。

3. 某保种牛场，由于各方面原因使得保种牛群世代规模发生波动，连续 5 个世代的规模分别为：120、130、140、120、110 头。试计算平均世代规模。

4. 将 126 头基础母羊的体重资料（见表 2－6）整理成次数分布表，并绘制直方图和折线图，以及 QQ 图。

表 2－6　126 头基础母羊的体重资料（单位：kg）

53.0	50.0	51.0	57.0	56.0	51.0	48.0	46.0	62.0	51.0	61.0	56.0	62.0	58.0	46.5
48.0	46.0	50.0	54.5	56.0	40.0	53.0	51.0	57.0	54.0	59.0	52.0	47.0	57.0	59.0
54.0	50.0	52.0	54.0	62.5	50.0	50.0	53.0	51.0	54.0	56.0	50.0	52.0	50.0	52.0
43.0	53.0	48.0	50.0	60.0	58.0	52.0	64.0	50.0	47.0	37.0	52.0	46.0	45.0	42.0
53.0	58.0	47.0	50.0	50.0	45.0	55.0	62.0	51.0	50.0	43.0	53.0	42.0	56.0	54.5
45.0	56.0	54.0	65.0	61.0	47.0	52.0	49.0	49.0	51.0	45.0	52.0	54.0	48.0	57.0
45.0	53.0	54.0	57.0	54.0	54.0	45.0	44.0	52.0	50.0	52.0	52.0	55.0	50.0	54.0
43.0	57.0	56.0	54.0	49.0	55.0	50.0	48.0	46.0	56.0	45.0	45.0	51.0	46.0	49.0
48.5	49.0	55.0	52.0	58.0	54.5									

5. 表 2－7 为 100 头某品种猪的血红蛋白含量资料，试将其整理成次数分布表，并绘制直方图和折线图，以及 QQ 图。

表 2－7 100头某品种猪的血红蛋白含量(单位:mg/100mL)

13.4	13.8	14.4	14.7	14.8	14.4	13.9	13.0	13.0	12.8	12.5	12.3	12.1	11.8	11.0
10.1	11.1	10.1	11.6	12.0	12.0	12.7	12.6	13.4	13.5	13.5	14.0	15.0	15.1	14.1
13.5	13.5	13.2	12.7	12.8	16.3	12.1	11.7	11.2	10.5	10.5	11.3	11.8	12.2	12.4
12.8	12.8	13.3	13.6	14.1	14.5	15.2	15.3	14.6	14.2	13.7	13.4	12.9	12.9	12.4
12.3	11.9	11.1	10.7	10.8	11.4	11.5	12.2	12.1	12.8	9.5	12.3	12.5	12.7	13.0
13.1	13.9	14.2	14.9	12.4	13.1	12.5	12.7	12.0	12.4	11.6	11.5	10.9	11.1	11.6
12.6	13.2	13.8	14.1	14.7	15.6	15.7	14.7	14.0	13.9					

6.测得某肉品的化学成分的百分比如表 2－8 所示，请绘制成饼图。

表 2－8 某肉品的化学成分的百分比(单位:%)

水 分	蛋白质	脂 肪	无机盐	其 他
62.0	15.3	17.2	1.8	3.7

7.2001 年调查四川省 5 个县奶牛的增长情况(与 2000 年相比)得如下资料(表 2－9)，请绘成长条图。

表 2－9 2001年调查四川省5个县奶牛的增长情况(与2000年相比)(单位:%)

地域	双流县	名山县	宣汉县	青川县	泸定县
增长率(%)	22.6	13.8	18.2	31.3	9.5

8.1～9 周龄大型肉鸭杂交组合 GW 和 GY 的料肉比如表 2－10 所示，请绘制成折线图。

表 2－10 1～9周龄大型肉鸭杂交组合GW和GY的料肉比

周龄	1	2	3	4	5	6	7	8	9
GW	1.42	1.56	1.66	1.84	2.13	2.48	2.83	3.11	3.48
GY	1.47	1.71	1.80	1.97	2.31	2.91	3.02	3.29	3.57

第三章　概率与概率分布

本章简单概述了生物科学研究中常用的概率分布和抽样分布，重点介绍 R 中各种概率的计算方式。

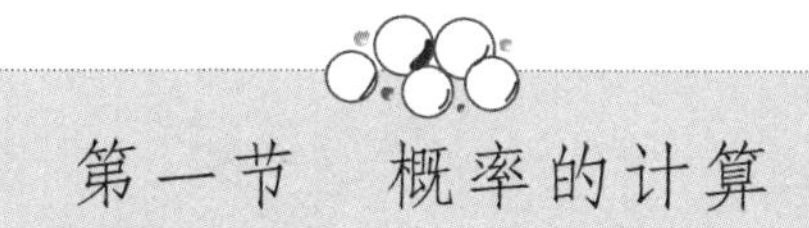

第一节　概率的计算

在一般情况下，随机事件的概率 p 是不可能准确得到的。通常以试验次数 n 充分大时随机事件 A 的频率作为该随机事件概率的近似值。即：

$$P(A)=p\approx m/n \quad (n\text{ 充分大})$$

对于某些随机事件，用不着进行多次重复试验来确定其概率，而是根据随机事件本身的特性直接计算其概率。

有很多随机试验具有以下特征：

(1)试验的所有可能结果只有有限个，即样本空间中的基本事件只有有限个；

(2)各个试验的可能结果出现的可能性相等，即所有基本事件的发生是等可能的；

(3)试验的所有可能结果两两互不相容。

具有上述特征的随机试验，称为古典概型(Classical Model)。对于古典概型，概率的定义如下：

设样本空间由 n 个等可能的基本事件所构成，其中事件 A 包含有 m 个基本事件，则事件 A 的概率为 m/n，即：

$$P(A)=m/n$$

这样定义的概率称为古典概率(Classical Probability)或先验概率(Prior Probability)。

例 3.1　在 N 头奶牛中，有 M 头曾有流产史，从这群奶牛中任意抽出 n 头奶牛，试求：

(1)其中恰有 m 头有流产史奶牛的概率是多少？

(2)若 $N=30, M=8, n=10, m=2$，其概率是多少？

分析：我们把从有 M 头奶牛曾有流产史的 N 头奶牛中任意抽出 n 头奶牛，其中恰有 m 头有流产史这一事件记为 A，因为从 N 头奶牛中任意抽出 n 头奶牛的基本事件总数为 C_N^n，事件 A 所包含的基本事件数为 $C_M^m \cdot C_{N-M}^{n-m}$，因此所求事件 A 的概率为：

$$P(A)=\frac{C_M^m \cdot C_{N-M}^{n-m}}{C_N^n}$$

将 $N=30,M=8,n=10,m=2$ 代入上式，得：

$$P(A)=\frac{C_M^m\cdot C_{N-M}^{n-m}}{C_N^n}=\frac{C_8^2\cdot C_{30-8}^{10-2}}{C_{30}^{10}}$$

R 中计算过程如下：

```
>p<-(choose(8,2)*choose(30 - 8,10 - 2))/choose(30,10)
>p
[1] 0.2980048
```

即在 30 头奶牛中有 8 头曾有流产史，从这群奶牛随机抽出 10 头奶牛其中有 2 头曾有流产史的概率为 6.95%。

第二节 概率分布

R 中的概率分布函数比较全面，表 3-1 列出了每个分布的详情和附加参数（如果该参数没有缺省值，则意味着用户必须指定参数）。

表 3-1 概率分布的详情和附加参数

概率分布	R 对应的名字	附加参数
β分布	beta	shape1，shape2，ncp
二项式分布	binom	size，prob
Cauchy 分布	cauchy	location，scale
卡方分布	chisq	df，ncp
指数分布	exp	rate
F 分布	f	df1，df1，ncp
γ分布	gamma	shape，scale
几何分布	geom	prob
超几何分布	hyper	m，n，k
对数正态分布	lnorm	meanlog，sdlog
logistic 分布	logis	location，scale
负二项式分布	nbinom	size，prob
正态分布	norm	mean，sd
Poisson 分布	pois	lambda
t 分布	t	df，ncp
均匀分布	unif	min，max
Weibull 分布	weibull	shape，scale
Wilcoxon 分布	wilcox	m，n

R中可以产生多种不同分布下的随机数序列，函数的形式为 rfunc(n, p_1, p_2, …)，其中 func 指概率分布函数，n 为生成数据的个数，p_1, p_2, …是分布的参数数值。

R还提供了相关函数来计算累计概率分布函数($X \leqslant x$)，概率密度函数和分位数函数(给定 q，符合 $P(X \leqslant x) > q$ 的最小 x 就是对应的分位数)。大多数这种统计函数都有相似的形式，只需用 d、p 或者 q 去替代 r，比如密度函数(dfunc(x, …))，累计概率密度函数(也即分布函数 pfunc(x, …))和分位数函数(qfunc(p, …)，$0<p<1$)。最后两个函数序列可以用来求统计假设检验中 P 值或临界值。例如，显著性水平为5%的正态分布的双侧临界值是：

```
>qnorm(0.025)
[1] - 1.959964
>qnorm(0.975)
[1]1.959964
```

对于同一个检验的单侧临界值，根据备择假设的形式使用 qnorm(0.05)或 1－qnorm(0.95)。一个检验的 P 值，比如自由度 df=1 的 $\chi^2=3.84$：

```
>1 - pchisq(3.84,1)
[1] 0.05004352
```

例 3.2 从标准正态分布 $N(0,1)$中抽取容量为 1 000 的样本，试作出其概率密度分布图(图 3-1)。

R中实现过程如下：

```
>x<- rnorm(1000);
>y<- dnorm(x);
>plot(x,y);
```

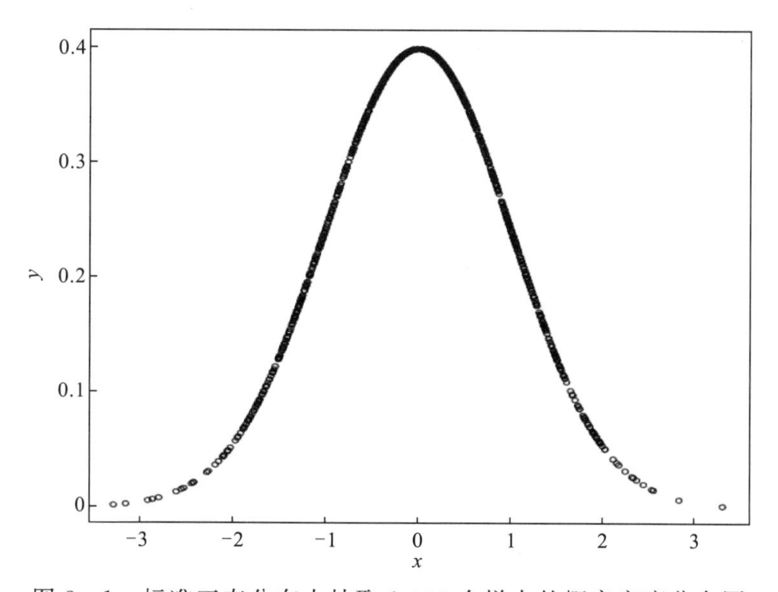

图 3-1 标准正态分布中抽取 1 000 个样本的概率密度分布图

第三节　抽样分布

抽样分布(Sampling Distribution):样本统计量的概率分布。统计量是样本的函数，它是一个随机变量。统计量的分布称为抽样分布。

抽样分布是由样本 n 个观察值计算的统计量的概率分布。从一个总体中随机抽出容量相同的各种样本，从这些样本计算出的某统计量所有可能值的概率分布，称为这个统计量的抽样分布。从一个给定的总体中抽取(不论是否有放回)容量(或大小)为 n 的所有可能的样本，对于每一个样本，计算出某个统计量(如样本均值或标准差)的值，不同的样本得到的该统计量的值是不一样的，由此得到这个统计量的分布，称之为抽样分布。如果特指的统计量是样本均值，则此分布为均值的抽样分布。类似的有标准差、方差、中位数、比例的抽样分布。

例如，研究学生的身高，选取样本平均数为所讨论的统计量，设某个学校的学生总数为 1 000 名($N=1\ 000$)。以该学校的全体学生为总体抽取样本。如果设定样本容量为 10 人($n=10$)，则可能抽得的样本有 $C_N^n=C_{1\ 000}^{10}\approx 2.6\times 10^{23}$ 组。对每组样本中的学生的身高计算平均数，这样就得到了 2.6×10^{23} 个平均身高的数值。把这些平均身高当作一组数据来统计其频数分布，就得到了关于样本平均数这一统计量的抽样分布。类似地，我们也可以考虑样本标准差等其他统计量的抽样分布。显然，当 $n=1$ 时抽样分布就等同于总体的频数分布，而当 $n=N$ 时，抽样分布缩为一个点(总体平均数)。根据组合的知识，样本容量为 n 和 $N-n$ 时所对应的可能的样本的组数是相同的。但是，他们的抽样分布却不相同。例如，设 $N=1\ 000$，虽然 $n=1$ 和 $n=999$ 的抽样都有 1 000 组，但是其抽样分布大不相同。在 $n=1$ 的抽样中，总体中的每个数值(包括极端值)都在样本平均数中得到了反应；而在 $n=999$ 的抽样中，每组样本的平均数都几乎等同于总体平均数，极端值几乎无法对样本产生影响。

抽样分布是推断统计中的一个重要的基础概念，是从描述统计过渡到推断统计的关键。

例 3.3　从正态分布 $N(10,1)$ 中抽取容量为 50 的样本，并进行 1 000 次抽样，试作出其样本平均数的分布直方图及核密度估计曲线图(图 3-2)。再从正态分布 $N(8,1)$ 中进行样本容量为 50 的 1 000 次抽样，试作出两次抽样样本平均数差数的分布直方图及核密度估计曲线图(图 3-3)。

R 中实现过程如下：

```
>for (i in 1:1000 ) x[i] <- mean(rnorm(50,10,1));
>hist(x,probability=T,col="grey",nclass=50,xlim=c(min(x),max(x)));
>lines(density(x,bw=0.1),col="blue",lwd=3);
>for (i in 1:1000 ) y[i] <- mean(rnorm(50,8,1));
```

```
>hist(x - y,probability= T,col= "grey",nclass= 50,xlim= c(min(x - y),max(x - y)));
>lines(density(x - y,bw= 0.1),col= "blue",lwd= 3);
>mean(x);var(x)
[1]9.99041
[1]0.02243985
>mean(y);var(y)
[1]8.009925
[1]0.01981838
>mean(x - y);var(x - y)
[1]1.980485
[1]0.04319823
```

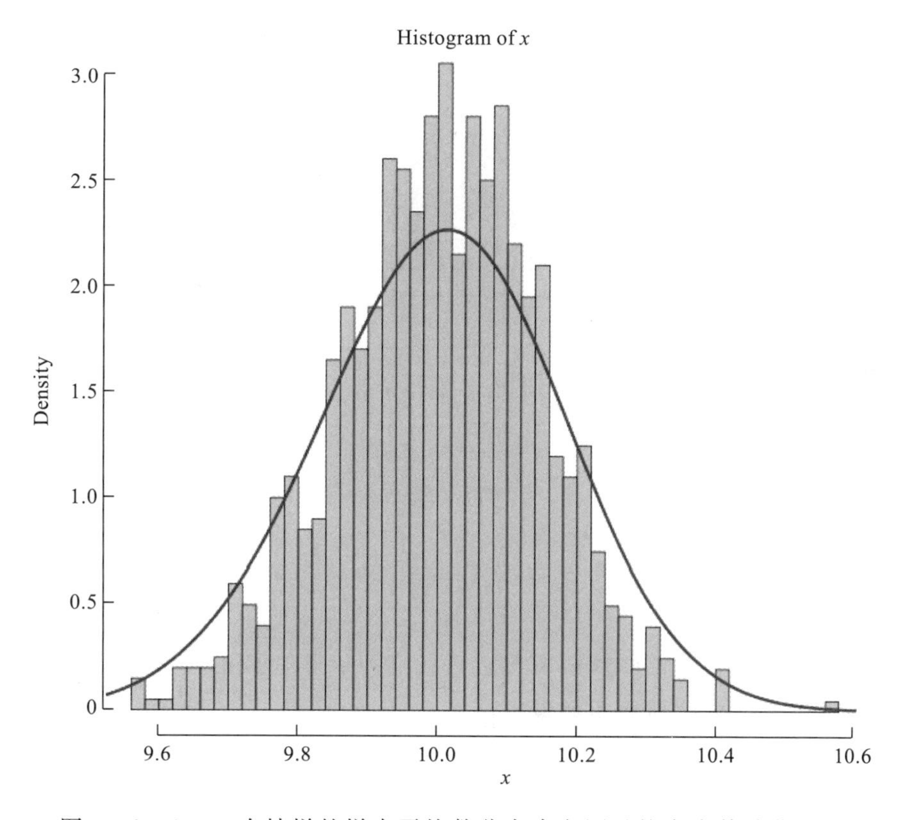

图 3-2　1 000 次抽样的样本平均数分布直方图及核密度估计曲线图

结果表明，正态总体中抽样样本平均数的分布也是正态分布，且其平均数近似等于原正态总体的平均数，方差近似等于原方差除以样本容量，即：两正态总体中抽样样本平均数差数的分布也是正态分布，且其平均数近似等于原正态总体平均数的差数，方差近似等于原方差之和除以样本容量。

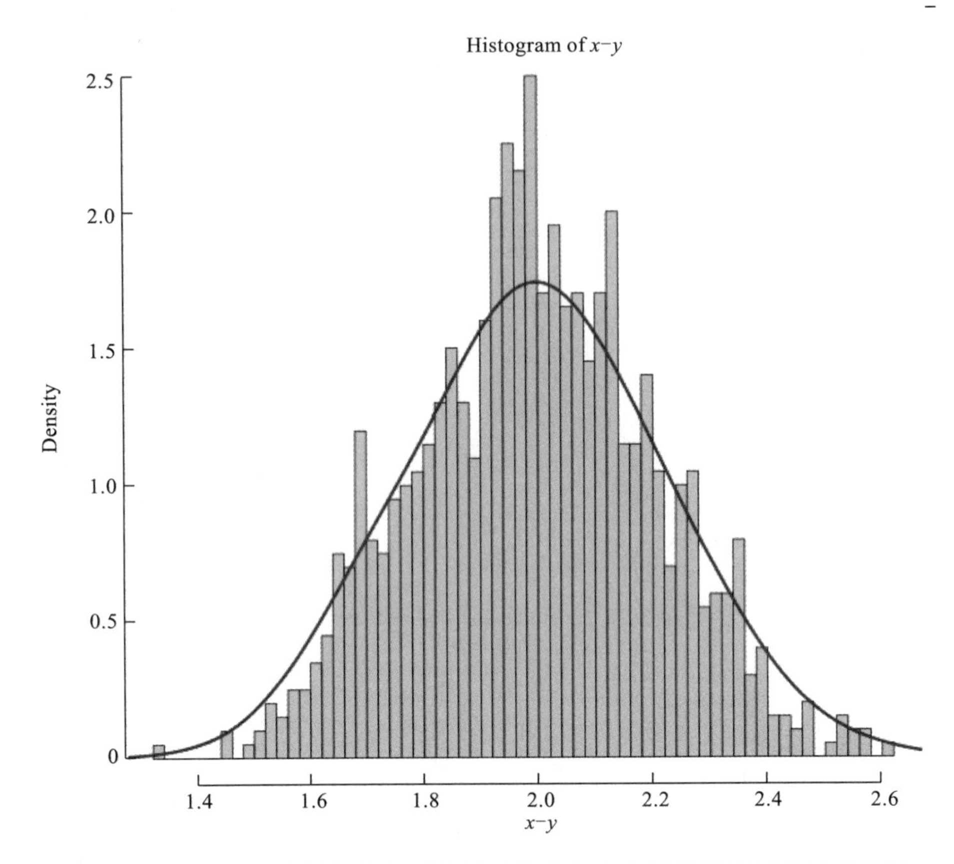

图 3－3　1 000 次抽样的样本平均数差数分布直方图及核密度估计曲线图

习　题

1. 现有 6 只雏鸡，其中 4 只是雌的，2 只是雄的，从中抽取两次，每次取一只，在返回抽样情况下求：

(1)取到的两只雏鸡都是雌性的概率；

(2)取到的两只雏鸡性别相同的概率；

(3)取到的两只雏鸡至少有一只是雌性的概率。

2. 某种昆虫在某地区的死亡率为 40%，即 p=0.4，现对这种害虫用一种新药进行治疗试验，每次抽 10 只作为一组治疗。试问如新药无疗效，则在 10 只中死 2 只、1 只，以及全部愈好的概率为多少？

3. 有一正态分布的平均数为 16，方差为 4，试计算落于 12～20 之间的数据的百分数。

4. 从正态分布 $N(16,4)$ 中抽取容量为 1000 的样本，试作出其概率密度曲线图。

5. 为监测饮用水的污染情况，现检验某社区每毫升饮用水中细菌数，共得 400 个记录如表 3－2 所示。

表 3-2　某社区每毫升饮用水中细菌数

1mL 水中细菌数	0	1	2	≥3	合　计
次数	243	120	31	6	400

试分析饮用水中细菌数的分布是否服从泊松分布。若服从，按泊松分布计算每毫升水中细菌数的概率及理论次数并将次数分布与泊松分布作直观比较。

第四章 假设检验

第一节 假设检验的原理与方法

假设检验是用来判断样本与样本、样本与总体的差异是由抽样误差引起还是本质差别造成的统计推断方法。其基本原理是先对总体的特征作出某种假设，然后通过抽样研究的统计推理，对此假设应该被拒绝还是接受作出推断。

生物现象的个体差异是客观存在，以致抽样误差不可避免，所以我们不能仅凭个别样本的值来下结论。当遇到两个或几个样本均数（或率）、样本均数（率）与已知总体均数（率）有大有小时，应当考虑到造成这种差别的原因有两种可能：一是这两个或几个样本均数（或率）来自同一总体，其差别仅仅由于抽样误差即偶然性所造成；二是这两个或几个样本均数（或率）来自不同的总体，即其差别不仅由抽样误差造成，而主要是由实验因素不同所引起的。假设检验的目的就在于排除抽样误差的影响，区分差别在统计上是否成立，并了解事件发生的概率。

在质量管理工作中经常遇到两者进行比较的情况，如采购原材料的验证，我们抽样所得到的数据在目标值两边波动，有时波动很大，这时你如何进行判定这些原料是否达到了我们规定的要求呢？再例如，你先后做了两批实验，得到两组数据，你想知道在这两次实验中合格率有无显著变化，那怎么做呢？这时你可以使用假设检验这种统计方法，来比较你的数据，它可以告诉你两者是否相等，同时也可以告诉你，在你做出这样的结论时，你所承担的风险。假设检验的思想是，先假设两者相等，即：$\mu=\mu_0$，然后用统计的方法来计算验证你的假设是否正确。

假设检验的基本思想是小概率反证法思想。小概率思想是指小概率事件（$P<0.01$ 或 $P<0.05$）在一次试验中基本上不会发生。反证法思想是先提出假设，再用适当的统计方法确定假设成立的可能性大小，如可能性小，则认为假设不成立，若可能性大，则还不能认为假设不成立。

一般地说，对总体某项或某几项作出假设，然后根据样本对假设作出接受或拒绝的判断，这种方法称为假设检验。

假设检验使用了一种类似于“反证法”的推理方法，它的特点如下。

(1)先假设总体某项假设成立,计算其会导致什么结果产生。若导致不合理现象产生,则拒绝原先的假设。若并不导致不合理的现象产生,则不能拒绝原先假设,从而接受原先假设。

(2)它又不同于一般的反证法。所谓不合理现象产生,并非指形式逻辑上的绝对矛盾,而是基于小概率原理:概率很小的事件在一次试验中几乎是不可能发生的,若发生了,就是不合理的。至于怎样才算是“小概率”呢?通常可将概率不超过0.05的事件称为“小概率事件”,也可视具体情形而取0.1或0.01等。在假设检验中这个概率常记为α,称为显著性水平。而把原先设定的假设成为原假设,记作H_0。把与H_0相反的假设称为备择假设,它是原假设被拒绝时而应接受的假设,记作H_1。

参数检验是在总体分布形式已知的情况下,对总体分布的参数如均值、方差等进行推断的方法。非参数检验是指在统计测量中不需要假定总体分布形式和用参数估计量,直接对比较数据的分布进行统计检验的方法。

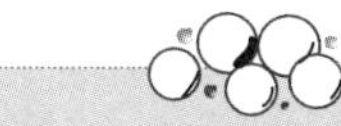

第二节　样本平均数的假设检验

例4.1　某地区的当地小麦品种一般亩产300kg,并从多年种植结果获得其标准差为75(kg),而现有某新品种通过25个小区的试验,计算其样本平均产量为330kg/亩,那么新品种与当地品种的平均产量是否有显著差异呢?

分析:本题中总体方差已知,故采用u检验。

R中计算过程如下:

```
>Se<-75/sqrt(25)  #计算样本平均数的标准误。
>u<-(330-300)/Se  #计算u值。
>u
[1] 2
>pnorm(2)
[1] 0.9772499
>p<-2*(1- pnorm(2))
>p
[1] 0.04550026
```

计算结果:u=2,$P=P\{u<-2,u>2\}=0.04550026<0.05$;

表明新品种与当地品种的平均产量差异显著。

例4.2　母猪的怀孕期为114天,今抽测10头母猪的怀孕期分别为116、115、113、112、114、117、115、116、114、113(天),试检验所得样本的平均数与总体平均数114天有无显著差异?

分析：本题中总体方差未知，样本容量小于 30，故采用一个样本平均数的 t 检验。

R 中计算过程如下：

```
>x<- c(116,115,113,112,114,117,115,116,114,113)
>t<-(mean(x)-114)/(sd(x)/sqrt(10))
>t
[1] 1
>qt(0.975,9)
[1] 2.262157
>qt(0.025,9)
[1] -2.262157
>t>qt(0.975,9)
[1] FALSE
>t<qt(0.025,9)
[1] FALSE
>p<-2*(1- pt(1,9))
>p
[1] 0.3434364
```

计算结果 $t=1, t_{\alpha/2}<t<t_{1-\alpha/2}$ 或 $P=P\{t<-1, t>1\}=0.3434364>0.05$

表明样本平均数与总体平均数差异不显著，可以认为该样本取自母猪怀孕期为 114 天的总体。

还可以利用 R 中 t. test 函数计算，结果如下：

```
>t.test(x,mu=114)

        One Sample t - test


data:   x
t=1,df=9,p - value=0.3434
alternative hypothesis:true mean is not equal to 114
95 percent confidence interval:
113.3689 115.6311
sample estimates:
mean of x
    114.5
```

注：从 t 检验结果中还可以看出样本平均数的 95% 置信区间为[113.3689, 115.6311]。

例 4.3 两小麦品种千粒重(g)的调查结果如下。

品种甲：50，47，42，43，39，51，43，38，44，37；

品种乙：36，38，37，38，36，39，37，35，33，37。

试检验两品种的千粒重有无显著差异。

经 F 检验，两品种千粒重的方差有显著不同（F 检验见例 4.8）。

分析：本题中两样本总体方差未知且不等，故采用方差不等的两样本 t 检验。

R 中计算过程如下：

```
>x1<-c(50,47,42,43,39,51,43,38,44,37);x2<-c(36,38,37,38,36,39,37,35,33,37);
>t.test(x1,x2,var.equal=FALSE);
        Welch Two Sample t-test


data:  x1 and x2
t=4.228,df=11.265,p-value=0.001345
alternative hypothesis:true difference in means is not equal to 0
95 percent confidence interval:
  3.270273 10.329727
sample estimates:
mean of x mean of y
     43.4        36.6
```

计算结果 $t=4.228$，$P=0.001\ 345<0.01$，表明两品种的千粒重有极显著差异。

注：t. test 函数中默认参数是方差不等，故本题中可以直接用“t. test(x1，x2)”命令计算，结果一样；如果经 F 检验方差相等，则应使用“t. test(x1，x2，var. equal=TRUE)”。参数的详细使用情况请参考 t. test 函数的帮助。

例 4.4　选生长期、发育进度、植株大小和其他方面皆比较一致的两株番茄构成一组，共得 7 组，每组中一株接种 A 处理病毒，另一株接种 B 处理病毒，以研究不同处理方法的纯化的病毒效果。表 4-1 中结果为病毒在番茄上产生的病痕数目，试检验两种处理方法的差异显著性。

表 4-1　两种处理方法的病毒效果(病痕数目)

A	10	13	8	3	20	20	6
B	25	12	14	15	27	20	18

分析：本题需要采用配对数据的两样本 t 检验。

R 中计算过程如下：

```
>x<-c(10,13,8,3,20,20,6);
>y<-c(25,12,14,15,27,20,18);
```

```
>t.test(x,y,paired=T);
Paired t-test

data:   x and y
t=-3.1309,df=6,p-value=0.0203
alternative hypothesis:true difference in means is not equal to 0
95 percent confidence interval:
-12.979698   -1.591731
sample estimates:
mean of the differences
                 -7.285714
```

计算结果 $t=-3.1309$，$P=0.0203<0.05$，表明两种处理方法差异显著。

第三节　样本频率的假设检验

例 4.5　以紫花和白花的大豆品种杂交，在 F2 代共得 289 株，其中紫花 208 株，白花 81 株。如果花色受一对基因控制，根据遗传学原理，F2 代紫花株与白花株的分离比例应为 3∶1，即紫花理论百分数 $P=0.75$，白花理论百分数 $Q=0.25$。问该试验结果是否符合一对基因的遗传规律？

分析：本例可以采用 χ^2 适合性检验，也可以采用比率检验“prop. test(81,289,0.25)”等，下面采用二项分布的精确比值检验。

R 中计算过程如下：

```
>binom.test(c(208,81),p=3/4)
          Exact binomial test

data:   c(208,81)
number of successes=208,number of trials=289,p-value=0.248
alternative hypothesis:true probability of success is not equal to 0.75
95 percent confidence interval:
  0.6641328 0.7707444
sample estimates:
probability of success
              0.7197232
```

计算结果 $P=0.248>0.05$，可以认为该试验结果符合遗传规律。

例 4.6 调查低洼地小麦 378 株，其中有锈病株 355 株，锈病率为 93.92%；调查高坡地小麦 396 株，其中锈病 346 株，锈病率 87.31%。试测验两块麦田的锈病率有无显著差异？

分析：本例可以采用比率检验“prop. test”。

R 中计算过程如下：

```
>prop.test(c(355,346),c(378,396));
          2 - sample test for equality of proportions with continuity correction


data:  c(355,346) out of c(378,396)
X - squared= 8.9378,df= 1,p - value= 0.002793
alternative hypothesis:two.sided
95 percent confidence interval:
  0.02219925  0.10863288
sample estimates:
  prop 1     prop 2
0.9391534 0.8737374
```

计算结果 $P=0.002793 \ll 0.01$，可以认为两块麦田的锈病率有极显著差异。

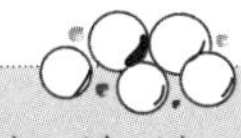

第四节 方差的同质性检验

一、单个样本方差的同质性检验

$\chi^2=(k-1)s^2/\sigma^2$ 可用来检验单个样本方差 s^2 所代表的总体方差与给定的方差值 c 是否有显著差异，简称为一个样本与给定总体方差的比较。

例 4.7 已知某农田受到重金属的污染，经抽样测定其铅浓度为 4.2，4.5，3.6，4.7，4.0，3.8，3.7，4.2（μg/g），试检验受到污染的农田铅浓度的方差是否与正常农田铅浓度的方差 0.065（μg/g）^{2} 相同。

R 中计算过程如下：

```
>x<- c(4.2,4.5,3.6,4.7,4.0,3.8,3.7,4.2);
>n<- length(x);s<- var(x);k<-(n -1)*s/0.065;k;
[1] 16.13462
>qchisq(0.025,n -1);qchisq(0.975,n -1);
[1]1.689869
[1]16.01276
```

计算结果 $\chi^2=16.13462>\chi^2_{(1-\alpha/2,8-1)}=16.01276$，表明污染的农田铅浓度的方差与正常农田铅浓度的方差有显著差异。

二、两个样本方差的同质性检验

两个样本方差的同质性检验可用 F 检验，$F=s_1^2/s_2^2$ 并服从 $df_1=n_1-1,df_2=n_2-1$ 的 F 分布。

例 4.8 检验例 4.3 两小麦品种千粒重(g)的方差是否同质。

R 中计算过程如下：

```
>x1<-c(50,47,42,43,39,51,43,38,44,37);x2<-c(36,38,37,38,36,39,37,35,33,37);
>var.test(x1,x2);
            F test to compare two variances


data:   x1 and x2
F=7.8182,num df=9,denom df=9,p-value=0.005254
alternative hypothesis:true ratio of variances is not equal to 1
95 percent confidence interval:
  1.941926  31.475954
sample estimates:
ratio of variances
          7.818182
```

计算结果，$F=7.8182,P=0.005254<0.01$，表明两品种千粒重的方差有极显著差异。

三、多个样本方差的同质性检验

多个样本方差的同质性检验由 Bartlett(1937)提出，故又称为 Bartlett 检验。

例 4.9 用三种不同的饵料喂养同一品种鱼，一段时间后测得每小池鱼的体重增加量(g)如下：A 饵料：130.5，128.9，133.8；B 饵料：147.2，149.3，150.2，151.4；C 饵料：190.4，185.3，188.4，190.6。试检验各饵料间方差的同质性。

R 中计算过程如下：

```
>x<-c(130.5,128.9,133.8); y<-c(147.2,149.3,150.2,151.4); z<-c(190.4,185.3,188.4,190.6);
>g<-c(1,1,1,2,2,2,2,3,3,3,3);
>bartlett.test(c(x,y,z),g);
            Bartlett test of homogeneity of variances


data:   c(x,y,z) and g
Bartlett's K-squared=0.3323,df=2,p-value=0.847
```

注：R 中多个样本方差的同质性检验还可以采用 Fligner - Killeen 检验（fligner. test 函数）和 Brown - Forsythe 检验（HH 包中的 hov 函数）等，结果相同。

计算结果，$\chi^2=0.3323$，$P=0.847>0.05$，表明各饵料间方差是同质的。

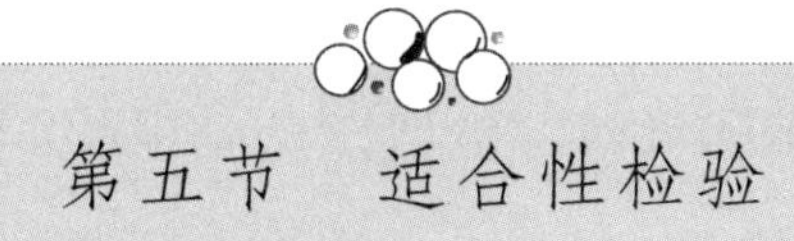

第五节　适合性检验

例 4.10　有人研究惯用手与惯用眼之间是否存在一定关系，得资料如表 4 - 2 所示，试作统计分析。

表 4 - 2　惯用手与惯用眼的关系

项目	惯用左眼	两眼并用	惯用右眼	合计
惯用左手	34	62	28	124
两手并用	27	28	20	75
惯用右手	57	105	52	214
合计	118	195	100	413

分析：本例属于计数（非连续）资料，可以采用皮尔逊卡方检验，即适合性检验，又称拟合优度检验。

R 中计算过程如下：

```
>chisq.test(matrix(c(34,27,57,62,28,105,28,20,52),nr=3));
        Pearson's Chi - squared test
data:   matrix(c(34,27,57,62,28,105,28,20,52),nr=3)
X - squared=4.0205,df=4,p - value=0.4032
```

计算结果，$\chi^2=4.0205$，$P=0.4032>0.05$，表明惯用手与惯用眼之间没有显著关系。

例 4.11　检验例 2.4 中 150 尾鲢鱼体长资料数据是否服从正态分布。

分析：本例属于连续性计量资料的正态分布检验，可以采用 Shapiro - Wilk 正态分布检验。

R 中计算过程如下：

```
>attach(read.table("md.csv",header=TRUE));# 自 Excel 中载入数据
>shapiro.test(data)
   Shapiro - Wilk normality test
data:   data
W=0.9832,p - value=0.0643
```

计算结果，$W=0.9832$，$P=0.0643>0.05$，表明鲢鱼体长资料数据服从正态分布。

例 4.12 检验例 4.3 两小麦品种千粒重(g)的分布是否相同。

分析：本例属于连续性计量资料的适合性检验或拟合优度检验，可以采用 Kolmogorov-Smirnov 检验。

R 中计算过程如下：

```
>x1<-c(50,47,42,43,39,51,43,38,44,37);x2<-c(36,38,37,38,36,39,37,35,33,37);
>ks.test(x1,x2)
Two-sample Kolmogorov-Smirnov test
data:   x1 and x2
D=0.7,p-value=0.01489
alternative hypothesis:two-sided
```

计算结果，$D=0.7$，$P=0.01489<0.05$，表明两品种千粒重的分布有显著差异。

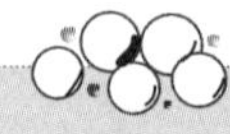

第六节　非参数检验

例 4.13 例 4.3 中的数据资料也可以用非参数检验——Wilcoxon 秩和检验。

R 中计算过程如下：

```
>x1<-c(50,47,42,43,39,51,43,38,44,37);x2<-c(36,38,37,38,36,39,37,35,33,37);
>wilcox.test(x1,x2);
Wilcoxon rank sum test with continuity correction
data:   x1 and x2
W=93,p-value=0.001223
alternative hypothesis:true location shift is not equal to 0
```

计算结果与 t 检验类似，表明两组样品均值有极显著差异。

例 4.14 例 4.9 中多个样本的数据资料也可以用非参数检验——Kruskal-Wallis 检验。

R 中计算过程如下：

```
>x<-c(130.5,128.9,133.8); y<-c(147.2,149.3,150.2,151.4); z<-c(190.4,185.3,188.4,190.6);
>g<-c(1,1,1,2,2,2,2,3,3,3,3);
>kruskal.test(c(x,y,z),g)
  Kruskal-Wallis rank sum test
data:   c(x,y,z) and g
Kruskal-Wallis chi-squared=8.9091,df=2,p-value=0.01163
```

计算结果与 t 检验类似，表明三种饲料的增重效果有显著差异。

例 4.15　A 药是目前广泛适用的一种治疗慢性支气管炎的药物，现又研制出了一种新药 B，研究者要了解 B 药的疗效，用 B 药治疗了 114 例慢性支气管炎，同时还收集了 3460例用 A 药治疗的资料，结果见表 4－3，试分析 B 药的疗效。

分析：本例可以采用 χ^2 适合性检验等，下面采用非参数检验中的 Ridit 分析（医学研究中以痊愈、显效、好转和无效的临床资料及以"-"、"＋"、"＋＋"、"＋＋＋"等级分组的资料，可用 Ridit 分析。血清滴度等数据不明确的计量资料，也可以换成分组等级资料用 Ridit 分析）。

表 4－3　两种药物治疗效果比较

项目	无效	好转	显效	控制	合计
标准组（A）	800	1 920	680	60	3 460
对比组（B）	10	60	26	18	114

R 中计算过程如下：

```
>x<- c(800,1920,680,60,10,60,26,18)
>g<- gl(2,4)
>library(Ridit)
>ridit(x,g,ref= 1)
Ridit Analysis:
Group   Label   Mean Ridit
----    ----    ----

 1       1       0.5
 2       2       0.0312
Reference:Group= 1,Label= 1
chi - squared= 4.744,df= 1,p - value= 0.0294
```

计算结果 $P=0.0294<0.05$，表明 B 药的疗效比 A 药好。

习　题

1. 现从 8 窝仔猪中每窝选出性别相同、体重接近的仔猪两头进行饲料对比试验，将每窝两头仔猪随机分配到两个饲料组中，时间 30d，试验结果见表 4－4。问两种饲料喂饲仔猪增重有无显著差异？

表 4－4　仔猪饲料对比试验（单位：kg）

窝号	1	2	3	4	5	6	7	8
甲饲料	10.0	11.2	11.0	12.1	10.5	9.8	11.5	10.8
乙饲料	9.8	10.6	9.0	10.5	9.6	9.0	10.8	9.8

2. 分别测定了10只大耳白家兔、11只青紫蓝家兔在停食18h后正常血糖值，结果见表4－5，问该两个品种家兔的正常血糖值是否有显著差异？

表4－5 大耳白、青紫蓝家兔停食后血糖值结果(单位：mg/mL)

大耳白	57	120	101	137	119	117	104	73	53	68
青紫蓝	89	36	82	50	39	32	57	82	96	31

3. 某鸡场种蛋常年孵化率为85%，现有100枚种蛋进行孵化，得小鸡89只，问该批种蛋的孵化结果与常年孵化率有无显著差异？

4. 研究甲、乙两药对某病的治疗效果，甲药治疗病畜70例，治愈53例；乙药治疗75例，治愈62例，问两药的治愈率是否有显著差异？并计算两种药物治愈率总体百分率的95%、99%置信区间。

5. 对陕西3个秦川牛保种基地县进行秦川牛的肉用性能外形调查(表4－6)，划分为优良中下4个等级，试问3个地区秦川牛肉用性能各级构成比差异是否显著。

表4－6 秦川牛的肉用性能

地区	优	良	中	下
甲	10	10	60	10
乙	10	5	20	10
丙	5	5	23	6

6. 24名志愿者分成两组，每组12人接受降胆固醇试验，甲组为特殊饮食组，乙组为药物治疗组。受试者试验前后各测量一次血清胆固醇，数据列于表4－7中。

表4－7 胆固醇试验(单位：mmol/L)

甲组			乙组		
受试者	试验前	试验后	受试者	试验前	试验后
1	6.11	6.00	13	6.90	6.93
2	6.81	6.83	14	6.40	6.35
3	6.48	4.49	15	6.48	6.41
4	7.59	7.28	16	7.00	7.10
5	6.42	6.30	17	6.53	6.41
6	6.94	6.64	18	6.70	6.68
7	9.17	8.42	19	9.10	9.05

续表 4－7

甲组			乙组		
受试者	试验前	试验后	受试者	试验前	试验后
8	7.33	7.00	20	7.31	6.83
9	6.94	6.58	21	6.96	6.91
10	7.67	7.22	22	6.81	6.73
11	8.15	6.57	23	8.16	7.65
12	6.60	6.17	24	6.98	6.52

(1)试判断两组受试者试验前血清胆固醇水平是否相等？

(2)分别判断两种降胆固醇措施是否有效？

(3)试判断两种降胆固醇措施的效果是否相同？

7. 某医院现有工作人员 900 人，其中男同志为 760 人，女同志为 140 人，在一次流感中发病者有 108 人，其中男性患者 79 人，而女性患者 29 人。试计算：

(1)该院总流感发病率？

(2)男、女流感发病率？

(3)男、女同志流感发病率有无显著差异？

第五章　方差分析

方差分析的基本特点是：将所有处理的观察值和平均数作为一个整体加以考虑，把观察值总变异的自由度和平方和分解为不同变异来源的自由度和平方和，进而获得不同变异来源的总体方差估计值。通过计算这些总体方差的估计值的适当比值，就能检验各样本所属总体平均数是否相等。

方差分析实质上是关于观测值变异原因的数量分析，它在科学研究中应用十分广泛。方差分析有如下优点。

(1)不受比较组数的限制，可比较多组均数。

(2)可同时分析多个因素的作用。

(3)可分析因素间的交互作用。

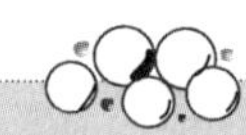

第一节　单因素方差分析

例 5.1　用某种小麦种子进行切胚乳试验，试验分为三种处理：整粒小麦(Ⅰ)，切去一半胚乳(Ⅱ)，切去全部胚乳(Ⅲ)，同期播种于条件一致的花盆内，出苗后每盆选留两株，成熟后进行单株考种，每株粒重结果列于表 5-1，试进行方差分析。

表 5-1　小麦种子切胚乳试验单株粒重(单位：g)

处理	株号									
	1	2	3	4	5	6	7	8	9	10
Ⅰ	21	29	24	22	25	30	27	26		
Ⅱ	20	25	25	23	29	31	24	26	20	21
Ⅲ	24	22	28	25	21	26				

R 中计算过程如下：

```
>a<-c(21,29,24,22,25,30,27,26);
>b<-c(20,25,25,23,29,31,24,26,20,21);
```

```
>c<-c(24,22,28,25,21,26);
>g<-c(rep("Ⅰ",8),rep("Ⅱ",10),rep("Ⅲ",6));
>x<-c(a,b,c); g<-as.factor(g);
>anova(lm(x~g));
Analysis of Variance Table
Response:x
             Df   Sum Sq    Mean Sq    F value    Pr(>F)
g             2   6.767     3.3833     0.3176     0.7314
Residuals    21   223.733   10.6540
>TukeyHSD(aov(x~g));
  Tukey multiple comparisons of means
    95% family-wise confidence level
Fit:aov(formula=x~g)
$ g
             diff           lwr          upr         p adj
Ⅱ-Ⅰ    -1.10000000    -5.002526    2.802526    0.7600565
Ⅲ-Ⅰ    -1.16666667    -5.609888    3.276554    0.7877881
Ⅲ-Ⅱ    -0.06666667    -4.315198    4.181865    0.9991379
```

注：结果中，Df 表示自由度，Sum Sq 表示平方和，Mean Sq 表示均方，F value 表示 F 值，Pr(>F)表示 P 值，g 表示因素，Residuals 表示残差，即误差。diff 表示两组均值之差，lwr 和 upr 分别表示置信区间(默认置信度为 95%)的下限和上限，p adj 表示校正后的 P 值。

计算结果，$F=0.3176$，$P=0.7314>0.05$，表明对于不同的处理，小麦种子的差异不显著，TukeyHSD 函数还提供了对各组均值差异的成对检验(差异均不显著)。

例 5.2　测定东北、内蒙古、河北、安徽、贵州 5 个地区黄鼬冬季针毛的长度，每个地区随机抽取 4 个样本，测定结果如表 5-2 所示，试比较各地区黄鼬针毛长度差异显著性。

表 5-2　不同地区黄鼬冬季针毛长度(单位：mm)

样本	东北	内蒙古	河北	安徽	贵州
1	32.0	29.2	25.5	23.3	22.3
2	32.8	27.4	26.1	25.1	22.5
3	31.2	26.3	25.8	25.1	22.9
4	30.4	26.7	26.7	25.5	23.7

R 中计算过程如下：

```
>x1<- c (32.0,32.8,31.2,30.4);x2<- c(29.2,27.4,26.3,26.7);x3<- c(25.5,26.1,25.8,26.7);
>x4<- c(23.3,25.1,25.1,25.5);x5<- c(22.3,22.5,22.9,23.7);
>x<- c(x1,x2,x3,x4,x5);
>Group<- factor(rep(c("东北","内蒙古","河北","安徽","贵州"),each=4));
>summary(aov(x~Group)); # 与命令“anova(lm(x~Group))”效果一样
            Df  Sum Sq   Mean Sq   F value   Pr(>F)
Group        4  173.710  43.427    50.157    1.659e-08***
Residuals   15   12.987   0.866
---
Signif.codes:  0 ‘***’ 0.001 ‘**’ 0.01 ‘*’ 0.05 ‘.’ 0.1
>aggregate(x,by=list(Group),FUN="mean");# 计算各组均值
    Group.1      x
1    安 徽     24.750
2    东 北     31.600
3    贵 州     22.850
4    河 北     26.025
5    内蒙古    27.400
>aggregate(x,by=list(Group),FUN="sd");# 计算各组标准差
    Group.1       x
1    安 徽     0.9848858
2    东 北     1.0327956
3    贵 州     0.6191392
4    河 北     0.5123475
5    内蒙古    1.2832251
> pairwise.t.test(x,Group,p.adjust.method="bonferroni");
  Pairwise comparisons using t tests with pooled SD
data:  x and Group
        安徽        东北        贵州        河北
东北    2.9e-07     —           —
贵州    0.11272     1.0e-08     —           —
河北    0.71708     4.2e-06     0.00222     —
内蒙古  0.01096     0.00012     4.9e-05     0.54085
P value adjustment method:bonferroni
>library(gplots);
>plotmeans (x~ Group,xlab="地区",ylab="黄鼬冬季针毛长度",main="Mean Plot with
```

```
        95%  CI");
>par(las=2)
>par(mar=c(5,8,4,2))
>plot(TukeyHSD(aov(x~Group)))
>library(multcomp)
>par(mar=c(5,4,6,2))
>plot (cld(glht(aov(x~Group),linfct=mcp(Group="Tukey")),level=0.05),xlab="地区",ylab=
     "黄鼬冬季针毛长度",col="lightgray");
```

注：本例中我们使用 aggregate 函数计算各组均值及标准差，并介绍了 R 软件中不同的多重比较及结果展示方法。不同地区黄鼬冬季针毛长度均值及其 95%置信区间见图 5-1，pairwise. t. test 函数的多重比较检验结果整理之后见表 5-3，TukeyHSD 函数的多重比较检验结果见图 5-2 和图 5-3。

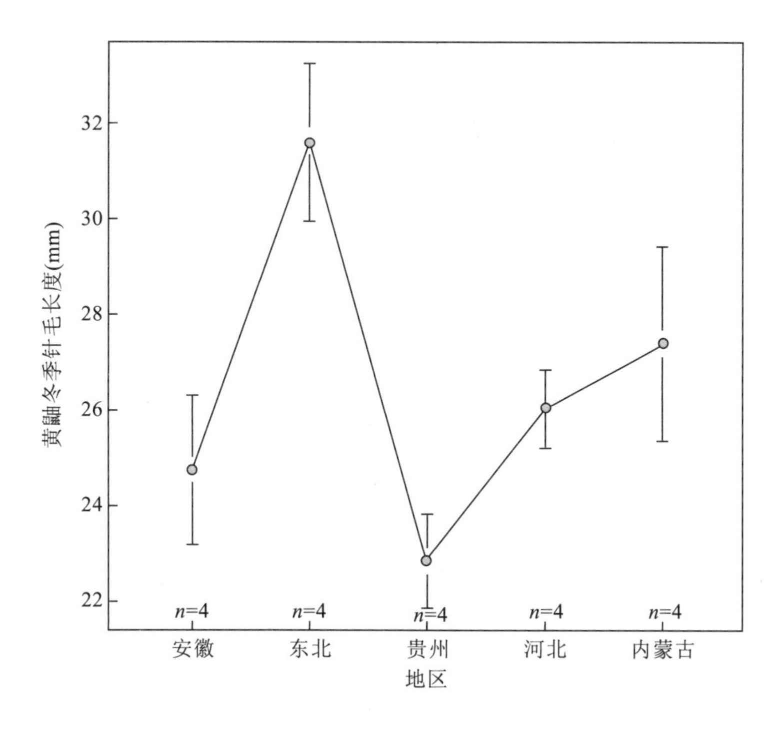

图 5-1　不同地区黄鼬冬季针毛长度均值及其 95%置信区间

方差分析计算结果：$F=50.157$，$P=1.659e-08<0.001$，表明不同地区黄鼬针毛长度的差异极显著。在 $\alpha=0.05$，即 95%的置信水平下，各种方法的多重比较检验结果均表明河北与内蒙古、河北与安徽、安徽与贵州黄鼬冬季针毛长度差异不显著，而其他地区之间黄鼬冬季针毛长度差异均达显著水平。

表 5－3 不同地区黄鼬冬季针毛长度多重比较检验 *p* 值表

地区	平均数	*p* 值				
		东北	内蒙古	河北	安徽	贵州
东北	31.600	—	极显著	极显著	极显著	极显著
内蒙古	27.400	0.00012	—	不显著	显著	极显著
河北	26.025	4.2e—06	0.54085	—	不显著	极显著
安徽	24.750	2.9e—07	0.01096	0.71708	—	不显著
贵州	22.850	1.0e—08	4.9e—05	0.00222	0.11272	—

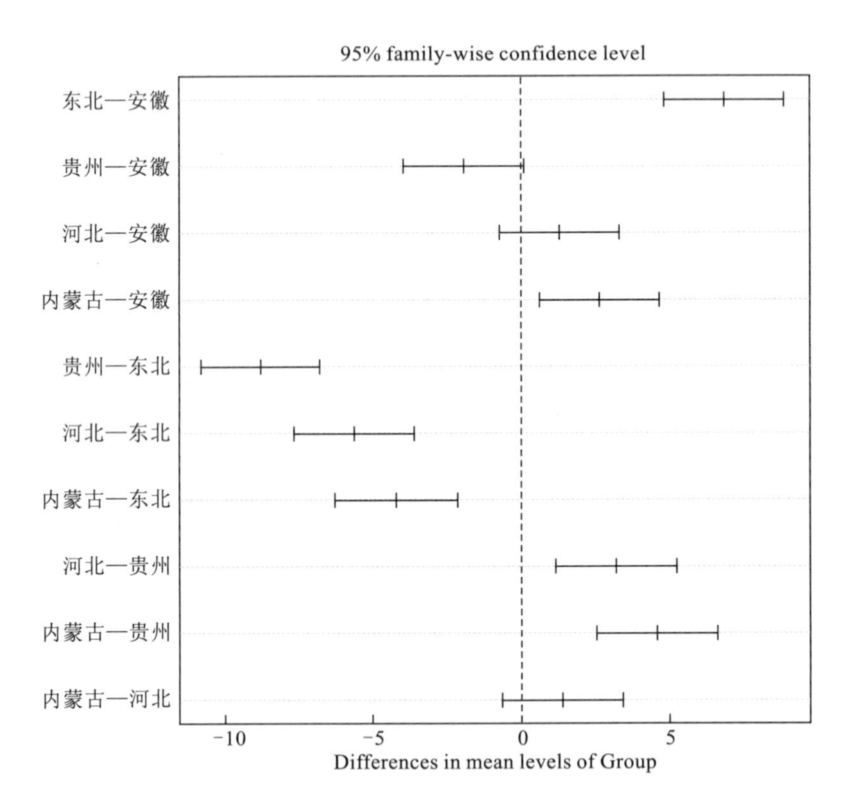

图 5－2 TukeyHSD 均值成对比较

（图形中置信区间包含 0 的比较说明差异不显著）

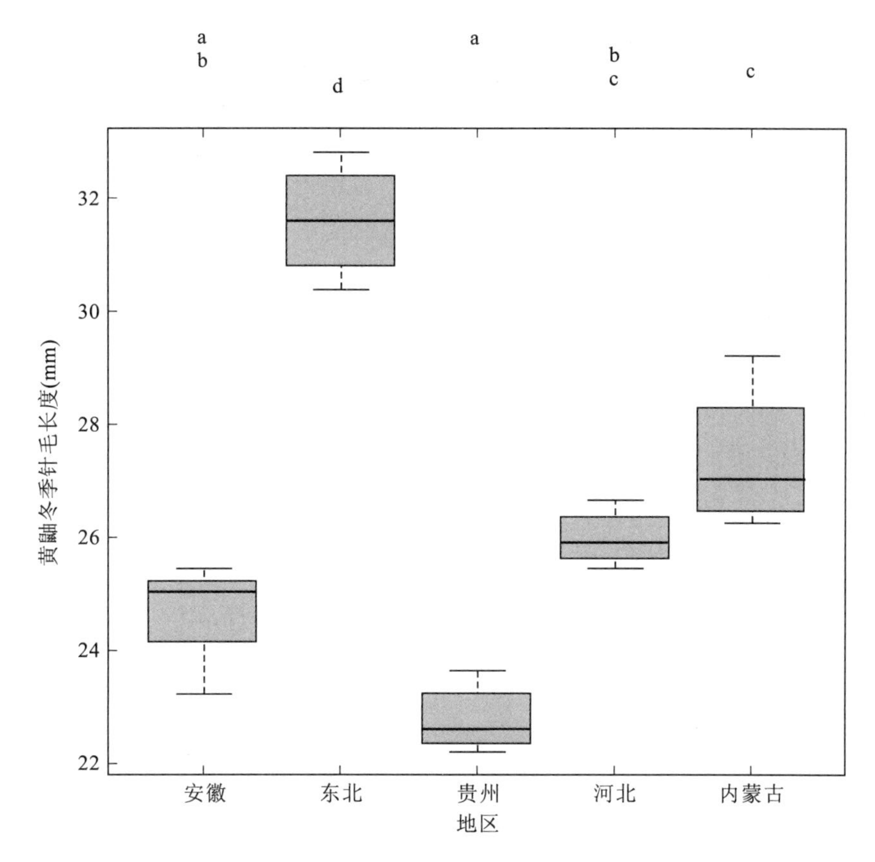

图 5-3　Multcomp 扩展包中的 TukeyHSD 多重比较结果
（有相同字母的组说明均值差异不显著）

第二节　二因素方差分析

例 5.3　为了研究某种昆虫滞育期长短与环境的关系，在给定的温度和光照条件下进行实验室培养，每一处理记录 4 只昆虫的滞育天数，结果列于表 5-4 中，试对该资料进行方差分析。

表 5-4　不同温度及光照条件下某种昆虫滞育天数

光照 A(h/d)	25℃时	30℃时	35℃时
5	143,138,120,107	101,100,80,83	89,93,101,76
10	96,103,78,91	79,61,83,59	80,76,61,67
15	79,83,96,98	60,71,78,64	67,58,71,83

R 中计算过程如下：

```
>x<- c(143,138,120,107,101,100,80,83,89,93,101,76,96,103,78,91,79,61,83,59,
++80,76,61,67,79,83,96,98,60,71,78,64,67,58,71,83);
>A<- gl(3,12,36);B< - gl(3,4,36);
>library(car);
>qqPlot(lm(x~ A+B+A:B));
>bartlett.test(x~ A);
Bartlett test of homogeneity of variances
data:   x by A
Bartlett's K - squared=3.2904,df=2,p - value=0.193
>bartlett.test(x~ B);
  Bartlett test of homogeneity of variances
data:   x by B
Bartlett's K - squared=3.025 9,df=2,p - value=0.2203
>anova(lm(x~ A+B+A:B));
Analysis of Variance Table
Response:x
            Df    Sum Sq    Mean Sq    F value    Pr(>F)
A           2     5367.1    2683.53    21.9345    2.199e -06***
B           2     5391.1    2695.53    22.0326    2.119e -06***
A:B         4     464.9     116.24     0.9501     0.4505
Residuals   27    3303.2    122.34
---
Signif.codes:   0 '***' 0.001 '**' 0.01 '*' 0.05 '.'0.1 ' ' 1
```

注：本例中，由于温度和光照条件都是人为控制的，为固定因素，因此适用固定模型的二因素方差分析。方差分析需要正态性和同方差性假设，本例中我们采用“car”扩展包中的 qqPlot 函数来检验线性模型的正态性假设（见图 5-4，数据基本上落在 95%的置信区间范围内，说明满足正态性假设），采用 bartlett. test 函数来检验不同处理间方差的同质性。

计算结果表明，不同光照和不同温度的差异均达到了极显著，即昆虫滞育期长短主要决定于光照和温度，而与两者之间互作关系不大。

例 5.4 在啤酒生产中，为了研究烘烤方式(A)与大麦水分(B)对糖化时间的影响，选择 2 种烘烤方式，4 种水分，共 8 种处理，每一处理重复三次，结果列于表 5-5 中，试对该资料进行方差分析。

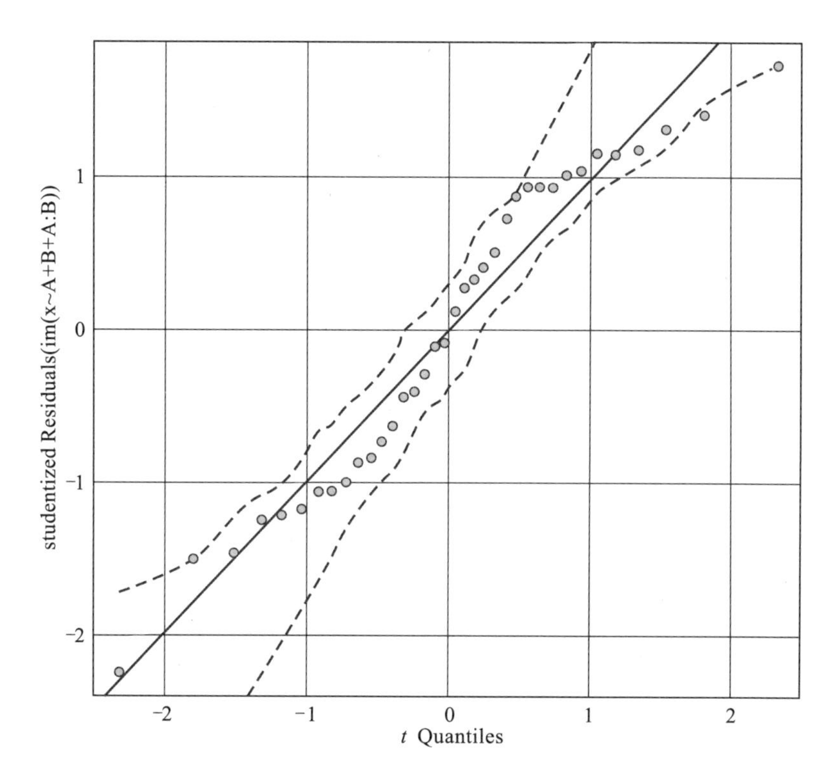

图 5-4 qqPlot 函数检验线性模型的正态性假设

表 5-5 不同烘烤方式及水分的糖化时间

烘烤方式(A)	水分(B)			
	B1	B2	B3	B4
A1	12,13,14.5	9.5,10,12.5	16,15.5,14	18,19,17
A2	5,6.5,5.5	13,14,15	17.5,18.5,16	15,16,17.5

R 中计算过程如下：

```
>x<- c(12,13,14.5,9.5,10,12.5,16,15.5,14,18,19,17,5,6.5,5.5,13,14,15,17.5,18.5,16,15,16,
17.5);
>A<- gl(2,12);B<- gl(4,3,24);
>fm<- aov(x~ A+ B+ A:B);
>aov.mix<- function(fm){
+mix<- summary(fm)
+mix[[1]][[4]][1]< - mix[[1]][[3]][1]/mix[[1]][[3]][3]
+mix[[1]][[5]][1]< -1- pf(mix[[1]][[3]][1]/mix[[1]][[3]][3],mix[[1]][[1]][1],mix[[1]][[1]][3])
+mix
+ }
```

```
>aov.mix(fm);
            Df   Sum Sq   Mean Sq   F value   Pr(>F)
A            1     5.51     5.510    0.1536   0.7213
B            3   228.87    76.288   55.4823   1.121e-08***
A:B          3   107.61    35.872   26.0884   2.119e-06***
Residuals   16    22.00     1.375
---
Signif.codes:  0 '***' 0.001 '**' 0.01 '*' 0.05 '.' 0.1
```

注:大麦水分是不均匀的,又不易控制,是随机因素。可见,本题是混合模型的方差分析。R 中 aov 函数不能进行随机模型和混合模型的方差分析,但不同模型平方和与均方的分解是一致的,仅仅是 F 检验方法和结果解释不同。因此,我们编写了一个 R 函数 - aov. mix对 aov 函数运算结果中 F 值和 P 值进行修改。

计算结果表明,大麦水分(B)以及水分(B)与烘烤方式(A) 之间的互作对糖化时间的影响达到了极显著水平,而烘烤方式(A) 对糖化时间的作用则不显著。

第三节　协方差分析

为了提高试验的精确性和准确性,对处理以外的一切条件都需要采取有效措施严加控制,使它们在各处理间尽量一致,这叫试验控制。但在有些情况下,即使作出很大努力也难以使试验控制达到预期目的。例如:研究几种配合饲料对猪的增重效果,希望试验仔猪的初始重相同,因为仔猪的初始重不同,将影响到猪的增重。经研究发现:增重与初始重之间存在线性回归关系。但是,在实际试验中很难满足试验仔猪初始重相同这一要求。这时可利用仔猪的初始重(记为 x)与其增重(记为 y)的回归关系,将仔猪增重都矫正为初始重相同时的增重,于是初始重不同对仔猪增重的影响就消除了。由于矫正后的增重是应用统计方法将初始重控制一致而得到的,故叫统计控制。统计控制是试验控制的一种辅助手段。经过这种矫正,试验误差将减小,对试验处理效应估计更为准确。这种将回归分析与方差分析结合在一起,对试验数据进行分析的方法,叫做协方差分析(Analysis of Covariance)。

例 5.5　为了寻找一种较好的哺乳仔猪食欲增进剂,以增进食欲,提高断奶重,对哺乳仔猪做了以下试验:试验设对照、配方 1、配方 2、配方 3 共 4 个处理,重复 12 次,选择初始条件尽量相近的长白种母猪的哺乳仔猪 48 头,完全随机分为 4 组进行试验,结果见表 5 - 6,试作分析。

表 5－6　不同食欲增进剂仔猪生长情况表(单位:kg)

处　理	对照		配方 1		配方 2		配方 3	
观　测 指　标	初生重 x	50d 龄重 y	初生重 x	50d 龄重 y	初生重 x	50d 龄重 y	初生 重 x	50d 龄重 y
观察值 x_{ij}，y_{ij}	1.50	12.40	1.35	10.20	1.15	10.00	1.20	12.40
	1.85	12.00	1.20	9.40	1.10	10.60	1.00	9.80
	1.35	10.80	1.45	12.20	1.10	10.40	1.15	11.60
	1.45	10.00	1.20	10.30	1.05	9.20	1.10	10.60
	1.40	11.00	1.40	11.30	1.40	13.00	1.00	9.20
	1.45	11.80	1.30	11.40	1.45	13.50	1.45	13.90
	1.50	12.50	1.15	12.80	1.30	13.00	1.35	12.80
	1.55	13.40	1.30	10.90	1.70	14.80	1.15	9.30
	1.40	11.20	1.35	11.60	1.40	12.30	1.10	9.60
	1.50	11.60	1.15	8.50	1.45	13.20	1.20	12.40
	1.60	12.60	1.35	12.20	1.25	12.00	1.05	11.20
	1.70	12.50	1.20	9.30	1.30	12.80	1.10	11.00

R 中协方差分析的计算步骤如下：

1)建立数据集

```
>g<- rep(c("O","A","B","C"),each= 12);
>x<- c(1.50,1.85,1.35,1.45,1.40,1.45,1.50,1.55,1.40,1.50,1.60,1.70,1.35,1.20,1.45,1.20,1.40,1.30,1.15,1.30,1.35,1.15,1.35,1.20,1.15,1.10,1.10,1.05,1.40,1.45,1.30,1.70,1.40,1.45,1.25,1.30,1.20,1.00,1.15,1.10,1.00,1.45,1.35,1.15,1.10,1.20,1.05,1.10);
>y<- c(12.40,12.00,10.80,10.00,11.00,11.80,12.50,13.40,11.20,11.60,12.60,12.50,10.20,9.40,12.20,10.30,11.30,11.40,12.80,10.90,11.60,8.50,12.20,9.30,10.00,10.60,10.40,9.20,13.00,13.50,13.00,14.80,12.30,13.20,12.00,12.80,12.40,9.80,11.60,10.60,9.20,13.90,12.80,9.30,9.60,12.40,11.20,11.00);
>gdata<- data.frame(g,x,y);
```

2)假设各种食欲增进剂的增长速度相同

```
>library(HH);
>ancova(y~ x+ g,gdata);
Analysis of Variance Table
Response:y
```

	Df	Sum Sq	Mean Sq	F value	Pr(> F)
x	1	38.861	38.861	44.5988	3.769e -08***
g	3	20.435	6.812	7.8173	0.0002834***
Residuals	43	37.468	0.871		

Signif.codes: 0‘***’ 0.001 ‘**’ 0.01 ‘*’ 0.05 ‘.’ 0.1 ‘ ’ 1

结果表明,哺乳仔猪的初重和食欲增进剂的增重都有显著差异(图 5-5)。

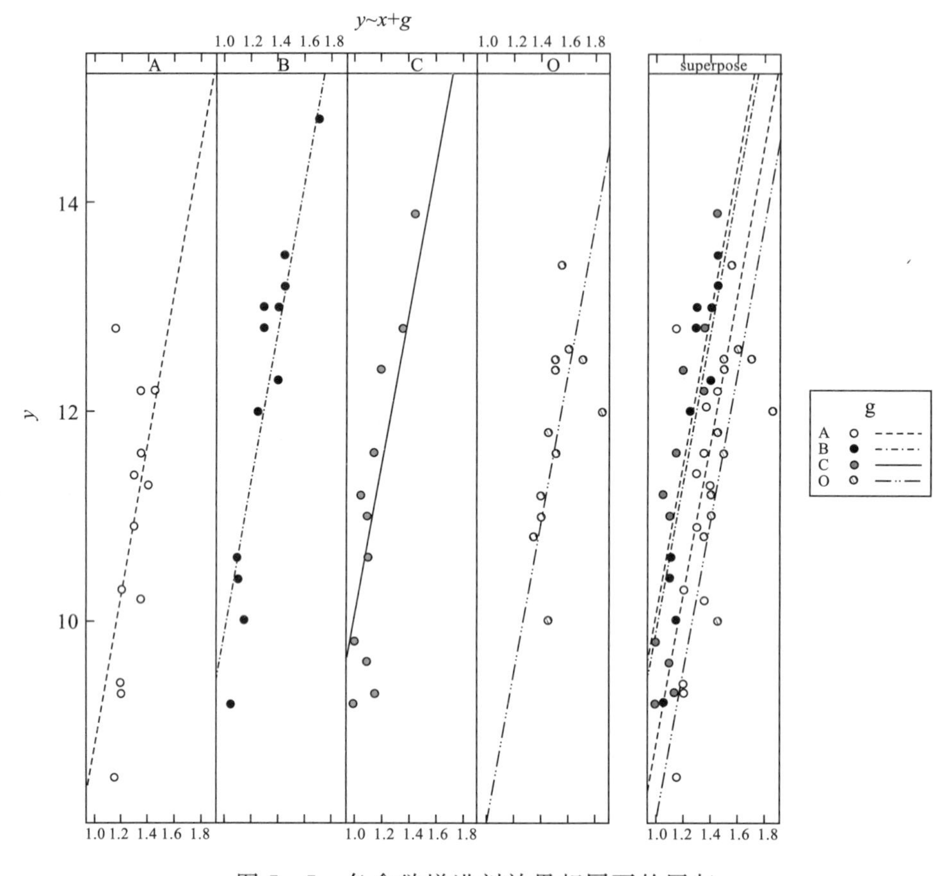

图 5-5 各食欲增进剂效果相同下的回归

3)假设各种食欲增进剂的增长速度不同

```
>ancova(y~x*g,gdata);
Analysis of Variance Table
Response:y
```

	Df	Sum Sq	Mean Sq	F value	Pr(>F)
x	1	38.861	38.861	47.4034	2.712e -08***
g	3	20.435	6.812	8.3089	0.0002049***
x:g	3	4.676	1.559	1.9014	0.1448966

Residuals　40　　32.792　　0.820

Signif.codes:　0'***' 0.001 '**' 0.01 '*' 0.05 '.' 0.1 ' ' 1

结果（x : g 交互项的差异不显著）表明，各食欲增进剂的增重效果之间没有显著差异（图 5－6）。

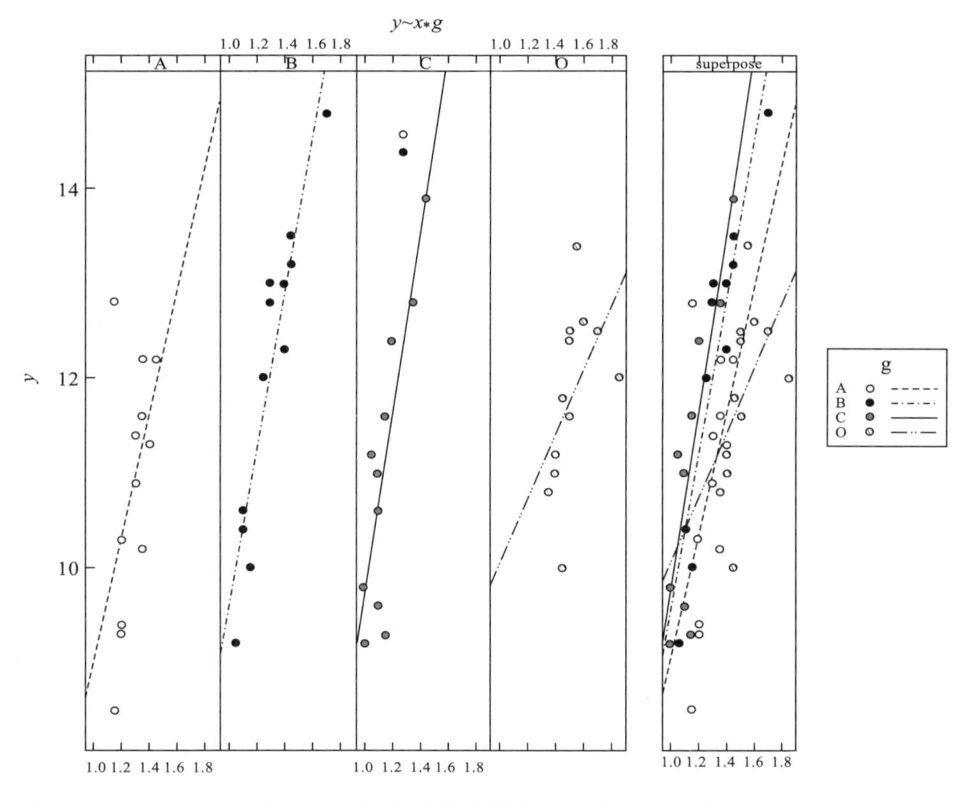

图 5－6　各食欲增进剂效果不同下的回归

习　题

1. 以 A、B、C、D 四种药剂处理水稻种子，其中 A 为对照，每种处理各得 4 个苗高观察值（单位：cm），A：18，21，20，13；B：20，24，26，22；C：10，15，17，14；D：28，27，29，32。试作方差分析。

2. 在同样饲养管理条件下，3 个品种猪的增重如表 5－7 所示，试对 3 个品种增重差异是否显著进行检验。

表 5－7　3 个品种猪的增加质量差异表（单位：kg）

品种	增　重　x_{ij}									
A	16	12	18	18	13	11	15	10	17	18
B	10	13	11	9	16	14	8	15	13	8
C	11	8	13	6	7	15	9	12	10	11

3. 三组小白鼠在注射某种同位素24h后脾脏蛋白质中放射性测定值如表5-8所示。问芥子气、电离辐射能否抑制该同位素进入脾脏蛋白质？（提示：先进行平方根转换，然后进行方差分析）

表5-8　小白鼠注射某种同位素后脾脏蛋白质中放射性测定值

组别	放射性测定值[百次/(min·g^{-1})]									
对照组	3.8	9.0	2.5	8.2	7.1	8.0	11.5	9.0	11.0	7.9
芥子气中毒组	5.6	4.0	3.0	8.0	3.8	4.0	6.4	4.2	4.0	7.0
电离辐射组	1.5	3.8	5.5	2.0	6.0	5.1	3.3	4.0	2.1	2.7

4. 为了从3种不同原料和3种不同温度中选择使酒精产量最高的水平组合，设计了两因素试验，每一水平组合重复4次，结果如表5-9所示，试进行方差分析。

表5-9　用不同原料及不同温度发酵的酒精产量

原料	温度 B											
	B_1(30℃)				B_2(35℃)				B_3(40℃)			
A_1	41	49	23	25	11	12	25	24	6	22	26	11
A_2	47	59	50	40	43	38	33	36	8	22	18	14
A_3	48	35	53	59	55	38	47	44	30	33	26	19

5. 一饲养试验，设有两种中草药饲料添加剂和对照共3种处理，重复9次，共有27头猪参与试验，两个月增重资料如表5-10所示。由于各个处理供试猪只初始体重差异较大，试对资料进行协方差分析。

表5-10　中草药饲料添加剂对猪增重试验结果表(单位：kg)

处　理	2号添加剂		1号添加剂		对照组	
观测指标	初重 x	增重 y	初重 x	增重 y	初重 x	增重 y
观测值	30.5	35.5	27.5	29.5	28.5	26.5
	24.5	25.0	21.5	19.5	22.5	18.5
	23.0	21.5	20.0	18.5	32.0	28.5
	20.5	20.5	22.5	24.5	19.0	18.0
	21.0	25.5	24.5	27.5	16.5	16.0
	28.5	31.5	26.0	28.5	35.0	30.5
	22.5	22.5	18.5	19.0	22.5	20.5
	18.5	20.5	28.5	31.5	15.5	16.0
	21.5	24.5	20.5	18.5	17.0	16.0

6. 四种配合饲料的比较试验，每种饲料各有供试猪 10 头，供试猪的初始重(kg)及试验后的日增重(kg)列于表 5－11，试对试验结果进行协方差分析。

表 5－11　四种猪饲料的比较试验

处　理	Ⅰ号料		Ⅱ号料		Ⅲ号料		Ⅳ号料	
观测指标	始重 x	增重 y	始重 x	增重 y	始重 x	增重 y	始重 x	增重 y
观测值	36	0.89	28	0.64	28	0.55	32	0.52
	30	0.80	27	0.81	22	0.62	27	0.58
	26	0.74	27	0.73	26	0.58	25	0.64
	23	0.80	24	0.67	22	0.58	23	0.62
	26	0.85	25	0.77	23	0.66	27	0.54
	30	0.68	23	0.67	20	0.55	28	0.54
	20	0.73	20	0.64	22	0.60	20	0.55
	19	0.68	18	0.65	23	0.71	24	0.44
	20	0.80	17	0.59	18	0.55	19	0.51
	16	0.58	20	0.57	17	0.48	17	0.51

第六章　抽样原理与方法

第一节　抽样误差的估计和置信区间

抽样是从所研究的总体中抽取一定数量的个体构成样本，通过对样本特征的研究和计算，进而对总体特征作出推断。

抽样误差的概念：由于生物界变异普遍存在，进行随机抽样时，不可避免地造成样本统计量与总体参数之间或各样本统计量之间的差别，称为抽样误差。抽样误差存在的根本原因：个体差异。由于个体差异的普遍存在，所以抽样误差是不可避免的（但其存在是有规律的），为更加准确地通过样本统计量估计其总体参数，就应该寻找抽样误差的规律，估计抽样误差的大小。

样本平均数的抽样误差即样本平均数的标准误 $\sigma_{\overline{X}}$ ，一般是用一个样本计算出来的标准差 s 来估计平均数的标准误，所得的值称作估计标准误，用 $s_{\overline{X}}$ 表示，其计算公式为：

$$s_{\overline{X}} = \frac{s}{\sqrt{n}}$$

例 6.1　随机抽取 20 株小麦，其株高(cm)分别为 82、79、85、84、86、84、83、82、83、83、84、81、80、81、82、81、82、82、82、80，求小麦的平均身高及置信度为 95%的区间估计。

R 中计算过程如下：

```
>x<- c(82,79,85,84,86,84,83,82,83,83,84,81,80,81,82,81,82,82,82,80)
>library(epicalc);
>ci(x,alpha= 0.95)
n     mean     sd          se           lower5ci       upper5ci
20    82.3     1.750188    0.3913539    82.27513       82.32487
```

计算结果，小麦的平均身高为 82.3cm，抽样误差为 0.3914cm，95%的区间估计为[82.27513，82.32487]。

例 6.2　某乡有耕牛 2500 头，经抽样调查 900 头，确定良种耕牛 810 头，现要确定良种耕牛在全乡所占的百分率。

分析：本题需要计算样本频率的置信区间。频率的标准误（抽样误差）可以用正态分布近似计算：

$$s_p = \sqrt{\frac{p(1-p)}{n}}$$

R 中使用二项分布计算过程如下：

```
>library(epicalc);
>ci.binomial(810,900,alpha=0.05)
events    total    probability    se      exact.lower95ci    exact.upper95ci
810       900      0.9            0.01    0.87851            0.91883
```

计算结果，良种耕牛在全乡所占的百分率为 90%，抽样误差为 0.01，95%的区间估计为[0.87851，0.91883]。

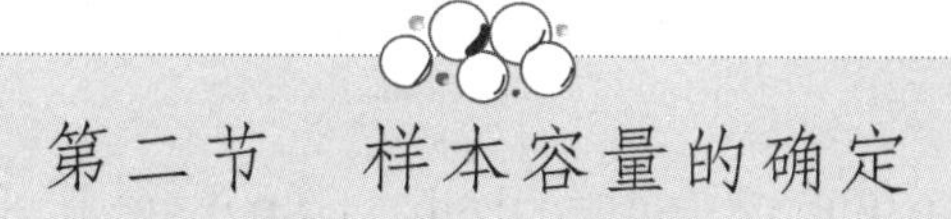

第二节　样本容量的确定

例 6.3　拟了解 40 岁以上男性冠心病患病率，据以往调查，预测其患病率在 10%左右，允许误差为 2%，试计算需要调查多少人才比较合适？

分析：本题为频率资料样本容量的确定，已知 $p=10\%=0.1$，$L=2\%=0.02$，可得：

$$n = \frac{4p(1-p)}{L^2} = \frac{4\times 0.1\times 0.9}{0.02^2} = 900$$

计算结果至少需调查 900 人。

例 6.4　用某药治疗胃及十二指肠溃疡病人，服药四周后胃镜复查时，患者溃疡面平均缩小 0.2cm^2，标准差为 0.4cm^2，假定该药确能使溃疡面缩小或愈合，问需多少病人作疗效观察才能在 $\alpha=0.05$ 的水准上发出用药前后相差显著？

分析：本题为配对资料样本容量的确定，已知 $s=0.4$，$L=0.2$，可得：

$$n = \frac{t_{0.05}^2 s^2}{L^2} \approx \frac{4s^2}{L^2} = \frac{4\times 0.4^2}{0.2^2} = 16$$

$df=n-1=15$，$t_{0.05}=2.1315$，

$$n = \frac{t_{0.05}^2 s^2}{L^2} = \frac{2.1315^2\times 0.4^2}{0.2^2} = 18.17 \approx 18$$

$df=n-1=17$，$t_{0.05}=2.1098$，

$$n = \frac{t_{0.05}^2 s^2}{L^2} = \frac{2.1098^2\times 0.4^2}{0.2^2} = 17.81 \approx 18$$

$df=n-1=16$，$t_{0.05}=2.1199$，

$$n = \frac{t_{0.05}^2 s^2}{L^2} = \frac{2.1199^2\times 0.4^2}{0.2^2} = 17.98 \approx 18$$

经计算，n 稳定在 18，故至少需调查 18 个病人。

例 6.5 某职业病防治所用两种疗法治疗矽肺患者，一个疗程后，患者血清粘蛋白下降值：甲疗法平均为 2.6(mg)，乙疗法平均为 2.0(mg)，两种疗法下降值之标准差均为 1.3(mg)。今设定 $\alpha=0.05$，$\beta=0.10$，若要发现两组疗效相差显著，每组至少应观察多少病人？

分析：本题已设定假设检验的第一类错误概率 α 和第二类错误概率 β，并且已知两样本的均值及样本标准差，可有如下公式估计其样本含量：

$$n_1 = n_2 = 2\left(\frac{(t_{\alpha/2}+t_\beta)S}{|\mu_1-\mu_2|}\right)^2$$

其中 n_1 和 n_2 分别为两样本所需含量，一般要求相等；S 为两总体标准差的估计值，一般假设其相等或取合并方差之方根；$t_{\alpha/2}$ 和 t_β 分别为检验水准 α 和第二类错误概率 β 对应的 t 值。α 有单双侧之分，而 β 只取单侧。

而 R 程序包“epicalc”中有专门估计此类样本容量的系列函数，计算过程如下：

```
>library(epicalc);
>n.for.2means(mu1=2.6,mu2=2.0,sd1=1.3,sd2=1.3,power=1-0.1);
Estimation of sample size for testing Ho:mu1==mu2
Assumptions:
    alpha=0.05
    power=0.9
    n2/n1=1
      mu1=2.6
      mu2=2
      sd1=1.3
      sd2=1.3
Estimated required sample size:
      n1=100
      n2=100
  n1+n2=200
```

其中 alpha 即 α，power 为功效等于 $1-\beta$，计算结果每组至少应观察 100 个病人。

例 6.6 据某院初步观察，用甲、乙两种药物治疗慢性气管炎患者，近控率甲药为 45%，乙药为 25%。现拟进一步试验，问每组需观察多少例，才可能在 $\alpha=0.05$ 的水准上发现两种疗法近控率有显著相差？

已知：$p_1=45\%=0.45$，$p_2=25\%=0.25$，可得：

$$p=(p_1+p_2)/2=0.35,\quad L=p_1-p_2=0.2,$$

$$n=\frac{8p(1-p)}{L^2}=\frac{8\times0.35\times0.65}{0.2^2}=45.5\approx46$$

每组需观察 46 例。

例 6.7 初步观察甲、乙两药对某病的疗效,初步试验得:甲药有效率为 60%,乙药为 85%。现拟进一步做治疗试验,设 $\alpha=0.05$,$\beta=0.10$,问每组至少需要观察多少病例?

分析:本题已设定 α 和 β,并且已知两样本的频率,可有如下公式估计其样本含量:

$$n_1 = n_2 = \frac{1}{2}\left(\frac{t_{\alpha/2} + t_\beta}{\sin^{-1}\sqrt{p_1} - \sin^{-1}\sqrt{p_2}}\right)^2$$

而 R 程序包"epicalc"中也有专门估计此类样本容量的函数,计算过程如下:

```
>library(epicalc);
> n.for.2p(p1=0.6,p2=0.85,power=1 - 0.1);
Estimation of sample size for testing Ho:p1==p2
Assumptions:
     alpha=0.05
     power=0.9
          p1=0.6
          p2=0.85
     n2/n1=1
Estimated required sample size:
          n1=73
          n2=73
     n1+ n2=146
```

计算结果每组至少应观察 73 个病例。

习 题

1. 羊毛的白和黑分别取决于显性等位基因 B 和隐性等位基因 b。如果要对某羊群中等位基因 b 的频率进行抽样调查,请问至少应抽取多少个样本,才能使抽样误差不大于 5%?

2. 为研究某地区鸡的球虫感染率,预测感染率为 15%,希望调查结果的感染率与该地区普查的感染率相差不超过 3%,问应调查多少只鸡才能达到目的?

3. 欲了解某地菜农钩虫感染率是否高于粮农,估计两总体感染率约为 80%、65%,今指定 $\alpha=0.05$,$\beta=0.10$,则每组要查多少人?

4. 用两种处理作动物冠状静脉窦的血流量试验。A 处理平均血流量增加 1.8mL/min,B 处理平均血流量增加 2.4mL/min,设两处理的标准差相等,均为 0.1mL/min,若要得出两种处理差别有统计学意义的结论($\alpha=0.05$,$\beta=0.20$),需要多少实验动物?

第七章　试验设计

第一节　试验设计的基本概念

广义的试验设计是指整个研究课题的设计，包括试验方案的拟订，试验单位的选择，分组的排列，试验过程中生物性状和试验指标的观察记载，试验资料的整理、分析等内容；狭义的试验设计则仅是指试验单位的选择、分组与排列方法。

试验方案：是根据试验目的和要求所拟进行比较的一组试验处理(Treatment)的总称。根据试验目的确定恰当的供试因素及水平，供试因素不宜过多，应该抓住1～2个或少数几个主要因素解决关键性问题；每因素的水平数目也不宜多，且各水平间距要适当，使各水平能明确区分，并把最佳水平范围包括在内。试验方案中应包括对照水平或处理(Check,CK)，对照是试验中比较处理效应的基准。注意比较间的唯一差异性原则，才能正确解析出试验因素的效应。

试验设计的基本原理：①重复，数理统计学已经证明误差的大小与重复次数的平方根成反比，重复多，误差则小；②随机，指一个重复中每个处理都有同等的机会设置在任何一个试验单位上，避免任何主观成见；③局部控制，将整个试验环境分解成若干个相对一致的小环境(称为区组、窝组或重复)，再在小环境内分别配置一套完整的处理，在局部对非处理因素进行控制，可以降低试验误差。

第二节　随机区组设计

随机区组设计，是根据“局部控制”和随机原理进行的，将试验单位按性质不同分成与重复数一样多的区组，使区组内非试验因素差异最小而区组间非试验因素差异最大，每个区组均包括全部的处理。区组内各处理随机排列，各区组独立随机排列。使用了试验设计三个原则，是田间试验最常用的设计。

随机区组设计优点：①设计简单，容易掌握；②富于伸缩性，单因素、多因素以及综合性试验都能用；③能提供无偏的误差估计，并有效减小单向的肥力差异，降低误差；④对试验地要求不严，必要时，不同的区组可以分散设置在不同地段上。

缺点：①设计不允许处理数太多，一般不超过20个；②只能在一个方向上控制土壤差异。

R中3个区组8个处理的随机区组设计过程如下：

```
>library(combinat);
>sample(permn(8),3);
[[1]]
[1]5 1 2 8 7 6 3 4
[[2]]
[1]2 3 4 6 1 7 8 5
[[3]]
[1]1 5 4 8 3 2 7 6
```

第三节　平衡不完全区组设计

平衡不完全区组设计(Balanced Incomplete Block Design，BIB)的基本思想是不要求每一区组包含全部处理，而是只包含一部分处理。

所谓“平衡”是指各处理间是平等的，即重复数相等，因此任意两个处理间的比较，其精度是相等的。

所谓“不完全”是指每个区组中容纳不下全部试验处理，只能容纳部分处理。

为了测定误差需要重复，重复数相等的设计称为平衡设计，重复数不相等的称为不平衡设计。

R中4个区组4个处理3个重复的平衡不完全区组设计过程如下：

```
>library(crossdes);
>find.BIB(trt=4,k=3,b=4)
     [,1] [,2] [,3]
[1,]    1    3    4
[2,]    1    2    4
[3,]    2    3    4
[4,]    1    2    3
>isGYD(find.BIB(trt=4,k=3,b=4))   #判断一个设计是否是平衡的
[1]The design is a balanced incomplete block design w.r.t.rows.
```

第四节　裂区设计及其统计分析

裂区设计(Split - Plot Design)特点：主处理分设在主区，副处理则分别设于一主区内的副区内。副区的数量比主区多，因而副处理的比较比主处理的比较更精确。

适用范围如下。

(1)在一个因素的各种处理比另一因素的处理需要更大的面积时。

(2)试验中某一因素的主效比另一因素的主效更为重要，或两个因素间的互作比主效更为重要时，将要求更高精度的因素作为副处理，另一因素作为主处理。

(3)根据以往的研究，得知某些因素的效应比另一些因素的效应更大时，将可能表现较大差异的因素作为主处理。

例 7.1　以提取方法为 A 因素，提取浓度为 B 因素进行细胞转化试验，所得结果见表 7 - 1。请问该试验采用了何种设计方法？并作统计分析。

表 7 - 1　细胞转化试验结果

区组		Ⅰ			Ⅱ			Ⅲ		
提取方法		A1	A2	A3	A1	A2	A3	A1	A2	A3
提取浓度	B1	43	47	42	41	44	44	44	48	45
	B2	48	54	39	45	49	43	50	53	57
	B3	50	51	46	53	55	45	54	52	52
	B4	49	55	49	54	53	53	53	57	58

R 中计算过程如下：

```
>a<- read.table('clipboard',header=F);
#注：需要先用鼠标选中并复制表格内 A1B1 区至 A3B4 区数据至剪贴板中
>x<- as.vector(matrix(as.matrix(a),nr=1));
>A<- gl(3,4,36);B<- gl(4,1,36);Z<- gl(3,12);
>summary(aov(x~ Z+ A+ Error(Z : A)+ B+ A : B))
Error:Z : A
           Df    Sum Sq     Mean Sq    F value    Pr(> F)
Z          2     124.222    62.111     3.1875     0.1486
A          2     91.722     45.861     2.3535     0.2110
Residuals  4     77.944     19.486
```

```
Error:Within
             Df    Sum Sq    Mean Sq    F value    Pr(>F)
B            3     412.97    137.657    19.0847    7.999e -06***
A:B          6     42.94     7.157      0.9923     0.4597
Residuals    18    129.83    7.213
---
Signif.codes:  0 '***' 0.001 '**' 0.01 '*' 0.05 '.'0.1
>model.tables(aov(x~Z+A+B+A:B),"means");
Tables of means
Grand mean
       49.30556
Z
     1        2        3
     47.75    48.25    51.92
A
     1        2        3
     48.67    51.50    47.75
B
     1        2        3        4
     44.22    48.67    50.89    53.44

A:B
   B
A        1        2        3        4
     1   42.67    47.67    52.33    52.00
     2   46.33    52.00    52.67    55.00
     3   43.67    46.33    47.67    53.33
```

该试验采用了裂区设计的方法，将 R 软件输出的方差分析结果整理后见表 7－2。F 检验结果表明，区组间差异不显著，提取方法（A）间差异不显著，提取浓度（B）差异极显著，提取方法（A）与提取浓度（B）交互作用效果不显著。提取浓度（B）因素的 B2 水平与 B3 水平，以及 B3 水平与 B4 水平间差异不显著。

表 7-2　细胞转化试验的方差分析

变异来源		df	SS	s^2	F	Pr(>F)
主区部分	区组	2	124.222	62.111	3.1875	0.1486
	提取方法(A)	2	91.722	45.861	2.3535	0.2110
	主区误差 e_a	4	77.944	19.486		
副区部分	提取浓度(B)	3	412.97	137.657	19.0847	8.0e−06**
	A×B	6	42.94	7.157	0.9923	0.4597
	副区误差 e_b	18	129.83	7.213		
总变异		35	879.628			

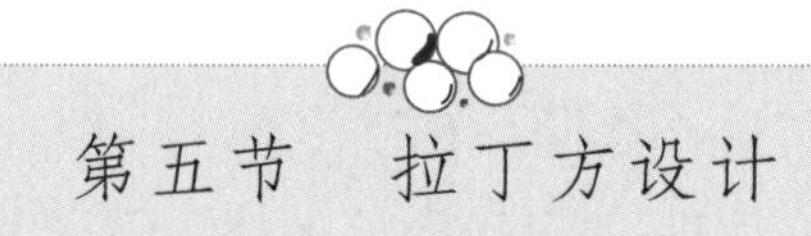

第五节　拉丁方设计

拉丁方实验设计的特点是从横行和直列两个方向进行双重局部控制，使得横行和直列两向皆成完全区组或重复的设计。

R 中 8×8 的拉丁方设计过程如下：

```
>library(crossdes);
>williams(8)
     [,1] [,2] [,3] [,4] [,5] [,6] [,7] [,8]
[1,]    1    2    8    3    7    4    6    5
[2,]    2    3    1    4    8    5    7    6
[3,]    3    4    2    5    1    6    8    7
[4,]    4    5    3    6    2    7    1    8
[5,]    5    6    4    7    3    8    2    1
[6,]    6    7    5    8    4    1    3    2
[7,]    7    8    6    1    5    2    4    3
[8,]    8    1    7    2    6    3    5    4
```

第六节　正交试验设计

正交试验设计(Orthogonal Experimental Design)是研究多因素多水平的又一种设计方法,它是根据正交性从全面试验中挑选出部分有代表性的点进行试验,这些有代表性的点具备了“均匀分散,齐整可比”的特点,正交试验设计是分析因式设计的主要方法。是一种高效率、快速、经济的实验设计方法。正交试验的结果可以进行方差分析。

R 中正交设计过程如下:

```
>library(DoE.base);
>oa.design(ID=L9.3.4);
  A B C D
1 1 2 3 2
2 3 1 2 2
3 1 3 2 3
4 2 2 2 1
5 2 1 3 3
6 3 3 3 1
7 3 2 1 3
8 1 1 1 1
9 2 3 1 2
class=design,type=oa
>oa.design(nlevels=2,factor.names=c("A","B","A X B","C","A X C","D"));
The columns of the array have been used in order of appearance.
For designs with relatively few columns,
the properties can sometimes be substantially improved
using option columns with min3 or even min34.
   A B  A.X.B C  A.X.C D
1  2 1      1 2      2 2
2  2 2      2 2      1 1
3  1 1      1 1      1 1
4  2 2      1 1      2 1
5  2 1      2 1      1 2
6  1 2      1 2      1 2
7  1 1      2 2      2 1
```

```
8 1 2          2 1          2 2
class=design,type=oa
```

习　题

1.试设计一个6个区组3个处理5个重复的试验方案。

2.设计一个3因素正交试验的表头,使其第一个因素有4个水平,其他因素均有3个水平,不考虑交互作用。

第八章　直线回归与相关分析

第一节　回归和相关的概念

相关与回归既有区别又有联系，表达事物或现象间的在数量方面相互关系的密切程度用相关系数；说明一变量依另一变量的消长而变动的规律用回归方程。

相关分析是用相关系数(r)来表示两个变量间相互的直线关系，并判断其密切程度的统计方法。相关系数 r 没有单位。在-1～$+1$ 范围内变动，其绝对值愈接近 1，两个变量间的直线相关愈密切；愈接近 0，相关愈不密切。相关系数若为正，说明一变量随另一变量增减而增减，方向相同；若为负，表示一变量增加、另一变量减少，即方向相反，但它不能表达直线以外(如各种曲线)的关系。

"回归"是个借用已久因而相沿成习的名称。若某一变量(y)随另一变量(x)的变动而变动，则称 x 为自变量，y 为应变量。这种关系在数学上被称为 y 是 x 的函数，但在生物(医)学领域里，自变量与应变量的关系和数学上的函数关系有所不同。例如成年人年龄和血压的关系，通过大量调查，看出平均收缩压随年龄的增长而增高，并且呈直线趋势，但各点并非恰好都在直线上。为强调这一区别，统计上称这是血压在年龄上的回归。

从两个变量间相关(或回归)的程度来看，可分为以下三种情况。

(1)完全相关。此时一个变量的值确定后，另一个变量的值就可通过某种公式求出来；即一个变量的值可由另一个变量所完全决定。这种情况在生物学研究中是不太多见的。

(2)不相关。变量之间完全没有任何关系。此时知道一个变量的值不能提供有关另一个变量的任何信息。

(3)统计相关(不完全相关)。介于上述两种情况之间。也就是说，知道一个变量的值通过某种公式就可以提供关于另一个变量一些信息，通常情况下是提供有关另一个变量的均值的信息。此时知道一个变量的取值并不能完全决定另一个变量的取值，但可或多或少地决定它的分布。这是科研中最常遇到的情况。

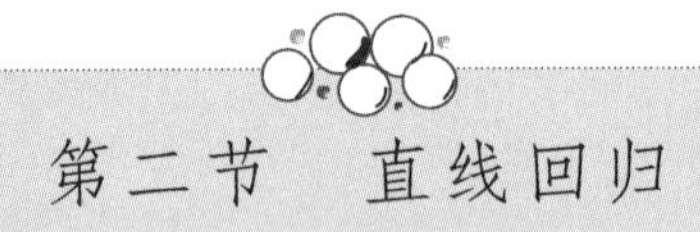

第二节　直线回归

直线回归分析的任务就是建立一个描述应变量依自变量而变化的直线方程，并要求各点与该直线纵向距离的平方和为最小。按这个要求计算回归方程的方法称为最小平方法或最小二乘法。所建立的方程是一个二元一次方程式，其标准形式是：

$$\hat{y} = a + bx$$

例 8.1　有人研究了黏虫孵化期平均温度 x(℃)与历期天数 y(d)之间关系，试验结果列于表 8－1。试建立直线回归方程。

表 8－1　黏虫孵化期平均温度与历期天数资料

x(℃)	11.8	14.7	15.6	16.8	17.1	18.8	19.5	20.4
y(d)	30.1	17.3	16.7	13.6	11.9	10.7	8.3	6.7

R 中计算过程如下：

```
>x<- c(11.8,14.7,15.6,16.8,17.1,18.8,19.5,20.4);
>y<- c(30.1,17.3,16.7,13.6,11.9,10.7,8.3,6.7);
>summary(lm(y~ x));
Call:
lm(formula=y~ x)
Residuals:
    Min       1Q     Median      3Q      Max
 -2.5239  -1.1426  -0.1087    1.2685   2.9343

Coefficients:
              Estimate   Std.Error   t value   Pr(> |t| )
(Intercept)   57.0393    4.5509      12.53     1.58e -05***
x             -2.5317    0.2671      -9.48     7.85e -05***
---
Signif.codes:  0 '***' 0.001 '**' 0.01 '*' 0.05 '.'0.1 ' ' 1

Residual standard error:1.984 on 6 degrees of freedom
Multiple R-squared:0.9374,      Adjusted R-squared:0.927
F-statistic:89.87 on 1 and 6 DF,   p-value:7.848e -05
```

```
>plot(y~x,pch=19,col="black",xlab="x(℃)",ylab="y(d)");
>abline(lm(y~x));
>text(16,25,expression(hat(y)==57.0393-2.5317*x))
```

计算结果见图 8-1。

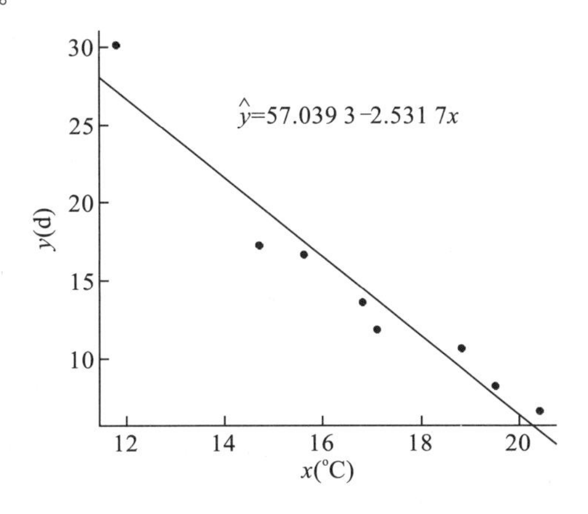

图 8-1　黏虫孵化期平均温度与历期天数的关系

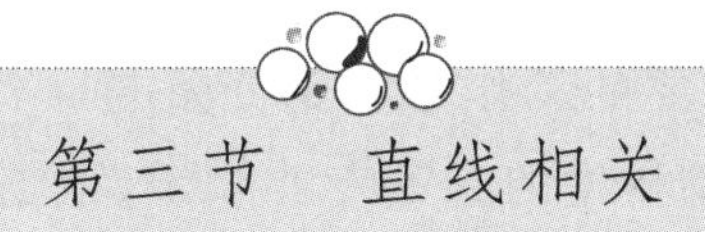

第三节　直线相关

例 8.2　测定 15 名健康成人血液的一般凝血酶浓度 x(mL)及血液的凝固时间 y(s)，测定结果记录于表 8-2，问血凝时间与凝血酶浓度间有无相关？

表 8-2　健康成人血液的凝血酶浓度 x(mL)及凝固时间 y(s)

x	1.1	1.2	1	0.9	1.2	1.1	0.9	0.9	1	0.9	1.1	0.9	1.1	1	0.8
y	14	13	15	15	13	14	16	15	14	16	15	16	14	15	17

R 中计算过程如下：

```
>x<-c(1.1,1.2,1,0.9,1.2,1.1,0.9,0.9,1,0.9,1.1,0.9,1.1,1,0.8);
>y<-c(14,13,15,15,13,14,16,15,14,16,15,16,14,15,17);
>cor.test(x,y);
          Pearson's product-moment correlation


data:  x and y
t=-7.7638,df=13,p-value=3.100e-06
alternative hypothesis:true correlation is not equal to 0
95 percent confidence interval:
```

- 0.9690188 - 0.7372234

sample estimates:

cor

- 0.9069679

计算结果，$r=-0.9069679$，$P=3.100e-06<0.001$，表明血凝时间与凝血酶浓度之间有极显著的负相关关系。

第四节 可直线化的曲线回归

生物学中经常遇到的各种指标或变量之间的关系往往不是直线而是曲线，有些曲线类型可以通过数据转换化成直线形式，可以先利用直线回归的方法配合直线回归方程，然后再还原成曲线回归方程。这就是可直线化的曲线回归(非线性回归)分析。

曲线回归分析的基本任务是通过两个相关变量 x 与 y 的实际观测数据建立曲线回归方程，以揭示 x 与 y 间的曲线联系的形式。

曲线回归分析最困难和首要的工作是确定变量与 x 间的曲线关系的类型。通常通过两个途径来确定：①利用生物科学的有关专业知识，根据已知的理论规律和实践经验；②若没有已知的理论规律和经验可资利用，则可用描点法将实测点在直角坐标纸上描出，观察实测点的分布趋势与哪一类已知的函数曲线最接近，然后再选用该函数关系式来拟合实测点。

例 8.3 棉花红铃虫的产卵数 y 与温度 x 有关，试根据表 8-3 中数据，建立棉花红铃虫产卵数与温度的回归关系。

表 8-3 棉花红铃虫产卵数 y 与温度 x 的关系

x(℃)	21	23	25	27	29	32	35
y(个)	7	11	21	24	66	115	325

R 中计算过程如下：

```
>x<- c(21,23,25,27,29,32,35);
>y<- c(7,11,21,24,66,115,325);
>plot(x,y,ylab="",xlab="");
>summary(lm(log(y)~x))
Call:
lm(formula=log(y)~x)
```

```
Residuals:
       1          2          3          4          5          6          7
0.082536   0.009531   0.093044  -0.317477   0.150072  -0.110729   0.112085

Coefficients:
            Estimate Std.Error t value Pr(>|t|)
(Intercept) -3.84917   0.41403  -9.297 0.000242***
x            0.27203   0.01489  18.272 9.03e-06***
---
Signif.codes:  0 '***' 0.001 '**' 0.01 '*' 0.05 '.' 0.1 ' ' 1

Residual standard error:0.1809 on 5 degrees of freedom
Multiple R-squared:0.9852,      Adjusted R-squared:0.9823
F-statistic:333.9 on 1 and 5 DF,  p-value:9.027e-06
>a<-round(exp(lm(log(y)~x)$coef[[1]][1]),4);
>b<-round(lm(log(y)~x)$coef[[2]][1],4);
>curve(a*exp(b*x),20,36,ylab=" ",xlab=" ",add=T);
>title(sub="图8-2  棉花红铃虫产卵数(y)与温度(x)的关系",font=4)
>mtext("温度(x)",side=1,line=1,at=36,cex=0.9);
>mtext("产卵数(y)",side=3,line=1,at=20,cex=0.9);
>text(28,180,expression(hat(y)==0.0213*e^{0.2720*x}));
```

计算结果见图 8－2。

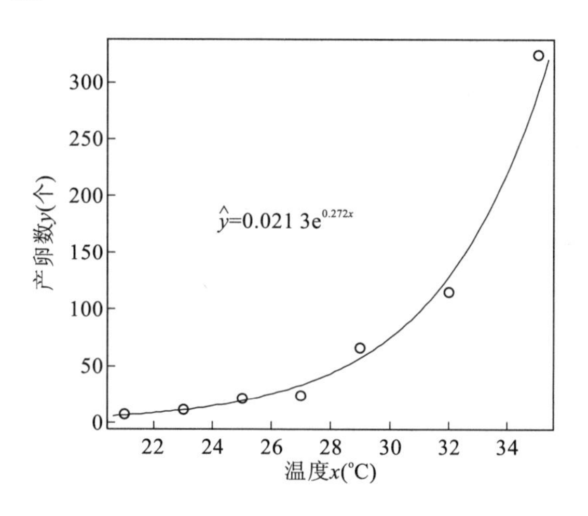

图 8－2 棉花红铃虫产卵数 y 与温度 x 的关系

例 8.4 表 8－4 是某种肉鸡在良好条件下生长过程的数据资料，试结合 Logistic 生长曲线方程进行回归分析。

表 8－4 肉鸡生长过程的资料

时间 x(周次)	2	4	6	8	10	12	14
体重 y(kg)	0.30	0.86	1.73	2.2	2.47	2.67	2.80

R 中计算过程如下：

```
>x<- c(2,4,6,8,10,12,14);
>y<- c(0.30,0.86,1.73,2.20,2.47,2.67,2.80);
>k<-(y[4]^2*(y[1]+ y[7])-2*y[1]*y[4]*y[7])/(y[4]^2- y[1]*y[7]);
>cor.test(x,log((k - y)/y));
            Pearson's product - moment correlation
data:   x and log((k - y)/y)
t=-16.9699,df= 5,p - value= 1.300e -05
alternative hypothesis:true correlation is not equal to 0
95 percent confidence interval:
-0.9987884   -0.9407116
sample estimates:
        cor
-0.9914302
>fm<- lm(log((k - y)/y)~ x);
>a<- round(exp(fm$ coef[[1]][1]),4);
>b<- round(- fm$ coef[[2]][1],4);
>plot(x,y,ylab=" ",xlab=" ");
>curve(k/(1+a*exp(- b*x)),0,15,ylab=" ",xlab=" ",add= T);
>title(sub="图8-3   肉鸡的 logistic 生长曲线",font= 4)
>mtext("周次(x)",side= 1,line= 1,at= 14.95,cex= 0.9);
>mtext("体重(y)",side= 3,line= 1,at= 1.75,cex= 0.9);
>text(11,1.5,expression(hat(y)==over(2.827,1+ 19.96*e^{-0.52*x})));
```

计算结果见图 8－3。

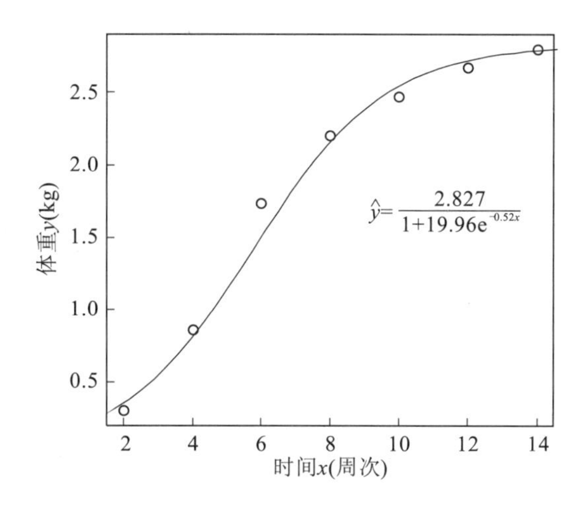

图 8-3　肉鸡和 logistic 生长曲线

习　题

1. 10 头育肥猪的饲料消耗(x)和增重(y)资料如表 8-5 所示，试对增重与饲料消耗进行直线回归分析，并作出回归直线。

表 8-5　10 头育肥猪的饲料消耗(x)和增重(y)资料(单位：kg)

x	191	167	194	158	200	179	178	174	170	175
y	33	11	42	24	38	44	38	37	30	35

2. 试对表 8-6 的资料进行直线相关和回归分析。

表 8-6　习题 2 资料

x	36	30	26	23	26	30	20	19	20	16
y	0.89	0.80	0.74	0.80	0.85	0.68	0.73	0.68	0.80	0.58

3. 对来航鸡胚胎生长的研究，测得 5～20 日龄鸡胚重量资料见表 8-7，试建立鸡胚重依日龄变化的回归方程(用 logistic 曲线拟合)。

表 8-7　来航鸡胚胎质量资料

日龄 x(d)	5	6	7	8	9	10	11	12
胚重 y(g)	0.250	0.498	0.846	1.288	1.656	2.662	3.100	4.579
日龄 x(d)	13	14	15	16	17	18	19	20
胚重 y(g)	6.518	7.486	9.948	14.522	15.610	19.914	23.736	26.472

4.给动物口服某种药物A 1000mg,每间隔1h测定血药浓度(g/mL),得到表8-8的数据(血药浓度为5头供试动物的平均值)。试建立血药浓度(依变量 y)对服药时间(自变量 x)的回归方程(多项式回归)。

表8-8 某动物血药浓度与服药时间数据

服药时间 x(h)	1	2	3	4	5	6	7	8	9
血药浓度 y(g/mL)	21.89	47.13	61.86	70.78	72.81	66.36	50.34	25.31	3.17

第九章　多元线性回归与 logistic 回归

第一节　多元线性回归

直线回归研究的是一个依变量与一个自变量之间的回归问题，但是在许多实际问题中，影响依变量的自变量往往不止一个，而是多个，比如绵羊的产毛量这一变量同时受到绵羊体重、胸围、体长等多个变量的影响，因此需要进行一个依变量与多个自变量间的回归分析，即多元回归分析，而其中最为简单、常用并且具有基础性质的是多元线性回归分析，许多非线性回归和多项式回归都可以化为多元线性回归来解决，因而多元线性回归分析有着广泛的应用。

多元线性回归分析的基本任务包括：根据依变量与多个自变量的实际观测值建立依变量对多个自变量的多元线性回归方程；检验、分析各个自变量对依自变量的综合线性影响的显著性；检验、分析各个自变量对依变量的单纯线性影响的显著性，选择仅对依变量有显著线性影响的自变量，建立最优多元线性回归方程；评定各个自变量对依变量影响的相对重要性以及测定最优多元线性回归方程的偏离度等。

假定依变量 y 与自变量 $x_1, x_2, \cdots, x_m$ 间存在线性关系，其数学模型为：

$$y_j = \beta_0 + \beta_1 x_{1j} + \beta_2 x_{2j} + \cdots + \beta_m \beta_{mj} + \varepsilon_j \qquad (j = 1, 2, \cdots, n)$$

式中，$x_1, x_2, \cdots, x_m$ 为可以观测的一般变量（或为可以观测的随机变量）；y 为随 $x_1, x_2, \cdots, x_m$ 而变的可以观测的随机变量，受试验误差影响；ε_j 为相互独立且都服从 $N(0, \sigma^2)$ 的随机变量。我们可以根据实际观测值对 $\beta_0, \beta_1, \beta_2, \cdots, \beta_m$ 以及方差 σ^2 作出估计，建立 m 元线性回归方程为：

$$\hat{y} = b_0 + b_1 x_1 + b_2 x_2 + \cdots + b_m x_m$$

式中，$b_0, b_1, b_2, \cdots, b_m$ 为 $\beta_0, \beta_1, \beta_2, \cdots, \beta_m$ 的最小二乘估计值。即 $b_0, b_1, b_2, \cdots, b_m$ 应使实际观测值 y 与回归估计值 $\hat{y}$ 的偏差平方和最小。

例 9.1　为研究男性高血压患者血压与年龄、体重等变量的关系，随机测量了 32 名 40 岁以上男性的血压、年龄、身高、体重以及吸烟史，结果见表 9－1，其中体重指数是体重/身高^2，吸烟：0 为不吸烟，1 为过去或现在吸烟。试进行多元回归分析。

表 9-1 32例40岁以上男性的体重指数、年龄、吸烟与收缩压实测值

收缩压 Y	年龄 X_1	吸烟 X_2	体重指数 X_3	收缩压 Y	年龄 X_1	吸烟 X_2	体重指数 X_3
135	45	0	2.876	180	64	1	4.637
122	41	0	3.251	166	59	1	3.877
130	49	0	3.100	138	51	1	4.032
148	52	0	3.768	152	64	0	4.116
146	54	1	2.979	138	56	0	3.673
129	47	1	2.790	140	54	1	3.562
162	60	1	3.668	134	50	1	2.998
157	54	1	3.612	145	49	1	3.360
144	44	1	2.368	142	46	1	3.024
135	57	0	3.171	132	48	1	3.017
142	56	0	3.401	120	43	0	2.789
150	56	1	3.628	126	43	1	2.956
144	58	0	3.751	161	63	0	3.80
137	53	0	3.296	170	63	1	4.132
132	50	0	3.210	152	62	0	3.962
149	54	1	3.301	164	65	0	4.010

R 中计算分析过程如下：

1)建立数据集

```
>y<- c(135,122,130,148,146,129,162,157,144,135,142,150,144,137,132,149,180,166,138,
152,138,140,134,145,142,132,120,126,161,170,152,164);
>x1<- c(45,41,49,52,54,47,60,54,44,57,56,56,58,53,50,54,64,59,51,64,56,54,50,49,46,48,43,
43,63,63,62,65);
>x2<- c(0,0,0,0,1,1,1,1,1,0,0,1,0,0,0,1,1,1,1,0,0,1,1,1,1,1,0,1,0,1,0,0);
>x3<- c(2.876,3.251,3.100,3.768,2.979,2.790,3.668,3.612,2.368,3.171,3.401,3.628,3.751,
3.296,3.210,3.301,4.637,3.877,4.032,4.116,3.673,3.562,2.998,3.360,3.024,3.017,2.789,2.956,3.80,
4.132,3.962,4.010);
```

2)建立多元线性回归方程

```
>lm.reg<-lm(y~x1+x2+x3);
>summary(lm.reg);

Call:
lm(formula=y~x1+x2+x3)

Residuals:
     Min        1Q       Median       3Q        Max
-10.846 4   -5.436 3   -0.876 4   4.999 2   14.892 8

Coefficients:
             Estimate Std.Error t value   Pr(>|t|)
(Intercept)  42.7888    9.8816   4.330   0.000172***
x1            1.4318    0.3106   4.610   8.04e-05***
x2            9.4904    2.4217   3.919   0.000522***
x3            5.8391    4.2875   1.362   0.184096
---
Signif.codes:  0 '***' 0.001 '**' 0.01 '*' 0.05 '.' 0.1 ' ' 1

Residual standard error:6.786 on 28 degrees of freedom
Multiple R-squared:  0.7967,Adjusted R-squared:  0.7749
F-statistic:36.58 on 3 and 28 DF,  p-value:8.033e-10
```

初步建立的三元线性回归方程为：

$$\hat{y} = 42.7888 + 1.4318x_1 + 9.4904x_2 + 5.8391x_3$$

经显著性检验，回归方程极显著，偏回归系数 b_0、b_1、b_2 极显著，而 b_3 不显著。所以剔除偏回归系数 b_3 对应的自变量 x_3，建立二元线性回归方程。

3)建立二元线性回归方程

```
>lm.reg<-lm(y~x1+x2);
>summary(lm.reg);

Call:
lm(formula=y~x1+x2)

Residuals:
```

```
    Min        1Q      Median       3Q        Max
 -10.661    -4.760    -1.323      4.700     12.268

Coefficients:
              Estimate    Std.Error    t value     Pr(>|t|)
(Intercept)   44.2931     9.9633       4.446       0.000118***
x1            1.7784      0.1807       9.844       9.41e-11***
x2            9.6227      2.4552       3.919       0.000498***
---
Signif.codes:  0 '***' 0.001 '**' 0.01 '*' 0.05 '.' 0.1 ' ' 1

Residual standard error:6.885 on 29 degrees of freedom
Multiple R-squared:  0.7832,Adjusted R-squared:  0.7683
F-statistic:52.39 on 2 and 29 DF,  p-value:2.353e-10
```

建立的二元线性回归方程为：

$$\hat{y} = 44.2931 + 1.7784x_1 + 9.6227x_2$$

经显著性检验，回归方程极显著，偏回归系数 b_0、b_1、b_2 均为极显著，而 b_3 不显著。该回归方程表示 40 岁以上男性吸烟状态不变的条件下，年龄每增加 1 岁，收缩压平均提高 1.7784；年龄不变的条件下，吸烟者与不吸烟者相比，收缩压平均高 9.6227。收缩压与年龄及吸烟状态的复相关系数（又称多元相关系数）为 0.7832（即 Multiple R-squared）。

注：R 软件还提供了获得最优回归方程的逐步回归法的计算函数“step()”。

4）回归诊断——残差分析

```
>y.res<-residuals(lm.reg);
>y.res;
         1           2           3           4           5           6
10.6796840   4.7932167  -1.4338487  11.2310018  -3.9484959  -8.4998137
         7           8           9          10          11          12
 1.3812051   7.0515041  11.8353358 -10.6609140  -1.8825308  -3.5052622
        13          14          15          16          17          18
-3.4392972  -1.5473813  -1.2122318  -0.9484959  12.2676725   7.1595883
        19          20          21          22          23          24
-6.6133464  -6.1095961  -5.8825308  -9.9484959  -8.8349632   3.9434200
        25          26          27          28          29          30
 6.2785695  -7.2781969  -0.7635497  -4.3862810   4.6687870   4.0460557
        31          32
-2.5528298   4.1120207
>y.rst<-rstandard(lm.reg);
```

```
>y.rst;
        1          2          3          4          5          6          7
1.6590213  0.7725189 -0.2178091  1.6917129 -0.5915131 -1.2879827  0.2109331
        8          9         10         11         12         13         14
1.0563660  1.8231947 -1.6072303 -0.2833397 -0.5268871 -0.5197535 -0.2327760
       15         16         17         18         19         20         21
-0.1834869 -0.1420915  1.9288535  1.0877782 -0.9911753 -0.9524182 -0.8853798
       22         23         24         25         26         27         28
-1.4903562 -1.3262866  0.5933789  0.9558516 -1.0985929 -0.1205785 -0.6805617
       29         30         31         32
0.7225403  0.6306950 -0.3925570  0.6462851
>y.fit<-predict(lm.reg);
>op<-par(mfrow=c(1,2));
>plot(y.res~y.fit);
>plot(y.rst~y.fit);
>par(op);
```

计算上一步已建立的二元线性回归方程的残差(y. res)、标准化残差(y. rst)及预测值(y. fit),并输出残差散点图(图 9-1)。

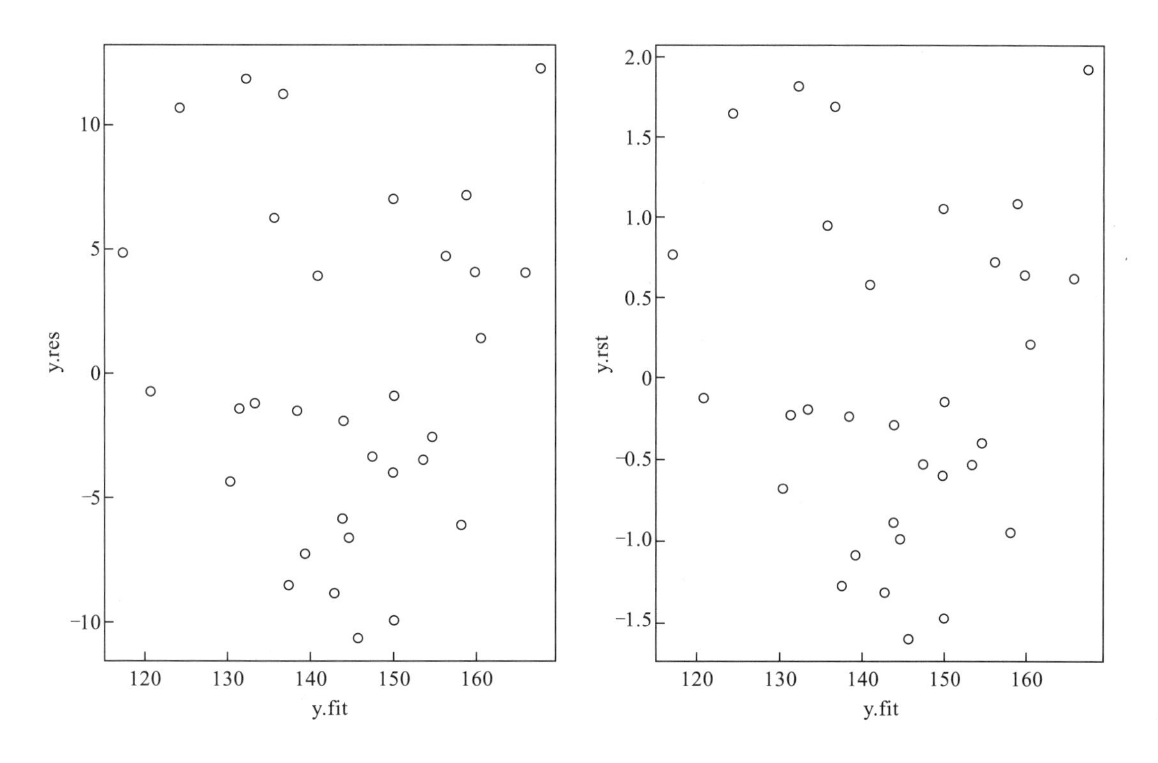

图 9-1　回归方程的残差散点图(残差 y. res、标准化残差 y. rst 及预测值 y. fit)

5）回归诊断——影响分析

```
>influence.measures(lm.reg)
Influence measures of
lm(formula= y~ x1+ x2):
```

	dfb.1_	dfb.x1	dfb.x2	dffit	cov.r	cook.d	hat	inf
1	0.522880	-0.44560	-0.3938	0.6500	0.942	0.132009	0.1258	
2	0.330729	-0.29627	-0.1931	0.3689	1.285	0.046010	0.1878	
3	-0.040781	0.03096	0.0454	-0.0656	1.209	0.001483	0.0858	
4	0.189916	-0.10800	-0.3519	0.4811	0.875	0.072029	0.0702	
5	0.020151	-0.02048	-0.1018	-0.1477	1.140	0.007441	0.0600	
6	-0.200320	0.20359	-0.2009	-0.3876	1.013	0.048894	0.0812	
7	-0.041071	0.04174	0.0408	0.0674	1.223	0.001565	0.0955	
8	-0.036479	0.03707	0.1844	0.2674	1.051	0.023733	0.0600	
9	0.453873	-0.46127	0.2801	0.6728	0.867	0.138354	0.1110	
10	0.042080	-0.12318	0.3069	-0.4602	0.905	0.066617	0.0718	
11	-0.000381	-0.01314	0.0525	-0.0757	1.183	0.001975	0.0687	
12	0.045787	-0.04653	-0.0942	-0.1386	1.156	0.006570	0.0663	
13	0.026864	-0.05230	0.0938	-0.1474	1.169	0.007434	0.0763	
14	-0.018678	0.00788	0.0452	-0.0617	1.185	0.001313	0.0678	
15	-0.029370	0.02105	0.0376	-0.0529	1.202	0.000965	0.0792	
16	0.004813	-0.00489	-0.0243	-0.0353	1.179	0.000429	0.0600	
17	-0.640772	0.65122	0.4373	0.8415	0.862	0.213115	0.1466	
18	-0.185513	0.18854	0.2100	0.3350	1.073	0.037158	0.0861	
19	-0.045031	0.04577	-0.1634	-0.2522	1.067	0.021210	0.0608	
20	0.209438	-0.26063	0.1609	-0.3706	1.163	0.045939	0.1319	
21	-0.001204	-0.04157	0.1661	-0.2396	1.099	0.019286	0.0687	
22	0.052517	-0.05337	-0.265 4	-0.3849	0.931	0.047239	0.0600	
23	-0.097088	0.09867	-0.2179	-0.3512	0.984	0.040001	0.0639	
24	0.058148	-0.05910	0.0935	0.1588	1.150	0.008601	0.0683	
25	0.173192	-0.17602	0.1448	0.2997	1.109	0.030041	0.0898	
26	-0.139226	0.14150	-0.1728	-0.3119	1.056	0.032182	0.0741	
27	-0.043417	0.03809	0.0285	-0.0506	1.311	0.000883	0.1541	*
28	-0.180455	0.18340	-0.0977	-0.2533	1.208	0.021790	0.1237	
29	-0.136958	0.17493	-0.1226	0.2635	1.194	0.023546	0.1192	
30	-0.177990	0.18089	0.1312	0.2431	1.228	0.020125	0.1318	
31	0.062890	-0.08309	0.0670	-0.1345	1.226	0.006209	0.1078	
32	-0.159925	0.19494	-0.1070	0.2645	1.246	0.023799	0.1460	

可以看出，第27个观测值对回归结果影响最大，为强影响点，结果中已用“*”号标出。

6）回归诊断——共线性诊断

```
>library(DAAG);
>vif(lm.reg);  #计算方差膨胀因子
```

```
      x1        x2
1.0134   1.0134
>cor(x1,x2)
[1] -0.1148425
```

由于 x_1 与 x_2 的方差膨胀因子 VIF 均小于 10，且其线性相关系数很小，因此可以认为年龄 x_1 与吸烟 x_2 之间不存在共线性。

7）偏相关系数的计算

```
>library(corpcor)
>m<-cbind(y,x1,x2,x3);
>cor2pcor(cov(m))
           [,1]         [,2]         [,3]         [,4]
[1,]   1.0000000    0.6569197    0.5951501    0.2492469
[2,]   0.6569197    1.0000000   -0.4507395    0.4345202
[3,]   0.5951501   -0.4507395    1.0000000   -0.1171207
[4,]   0.2492469    0.4345202   -0.1171207    1.0000000
```

计算结果，收缩压与年龄及吸烟状态的偏相关系数分别为 0.657 和 0.595，均有一定的正相关性。

第二节　Logistic 回归

Logistic 回归分析，主要在流行病学中应用较多，比较常用的情形是探索某疾病的危险因素，根据危险因素预测某疾病发生的概率等。例如，想探讨胃癌发生的危险因素，可以选择两组人群，一组是胃癌组，一组是非胃癌组，两组人群肯定有不同的体征和生活方式等。这里的因变量就是是否胃癌，即“是”或“否”，为两分类变量，自变量就可以包括很多了，例如年龄、性别、饮食习惯、幽门螺杆菌感染等。自变量既可以是连续的，也可以是分类的。通过 logistic 回归分析，就可以大致了解到底哪些因素是胃癌的危险因素。

例 9.2　前列腺癌细胞是否扩散到邻近的淋巴结，是选择治疗方案的重要依据。为了了解淋巴组织中有无癌转移，通常的做法是对病人实施剖腹术检查，并在显微镜下检查淋巴组织。为了不手术而又弄清淋巴结的转移情况，Brown（1980）在术前检查了 53 例前列腺癌患者，分别记录了年龄（AGE）、酸性磷酸酯酶（ACID）两个连续型变量，X 射线（X_RAY）、术前探针活检病理分级（GRADE）、直肠指检肿瘤的大小与位置（STAGE）3 个分类变量。后 3 个变量均按 0、1 赋值，其值 1 表示阳性或较严重情况，0 表示阴性或较轻情况。还有手术探查结果变量 NODES，1 表示有淋巴结转移，0 表示无淋巴结转移。资料见表 9－2。试分析影响前列腺癌细胞淋巴结转移的因素，并建立淋巴结转移的预报模型。

表 9-2 53 例接受手术的前列腺癌患者情况

No	X_RAY	GRADE	STAGE	AGE	ACID	NODES	No	X_RAY	GRADE	STAGE	AGE	ACID	NODES
1	0	1	1	64	40	0	28	0	0	0	60	78	0
2	0	0	1	63	40	0	29	0	0	0	52	83	0
3	1	0	0	65	46	0	30	0	0	1	67	95	0
4	0	1	0	67	47	0	31	0	0	0	56	98	0
5	0	0	0	66	48	0	32	0	0	1	61	102	0
6	0	1	1	65	48	0	33	0	0	0	64	187	0
7	0	0	0	60	49	0	34	1	0	1	58	48	1
8	0	0	0	51	49	0	35	0	0	1	65	49	1
9	0	0	0	66	50	0	36	1	1	1	57	51	1
10	0	0	0	58	50	0	37	0	1	0	50	56	1
11	0	1	0	56	50	0	38	1	1	0	67	67	1
12	0	0	1	61	50	0	39	0	0	1	67	67	1
13	0	1	1	64	50	0	40	0	1	1	57	67	1
14	0	0	0	56	52	0	41	0	1	1	45	70	1
15	0	0	0	67	52	0	42	0	0	1	46	70	1
16	1	0	0	49	55	0	43	1	0	1	51	72	1
17	0	1	1	52	55	0	44	1	1	1	60	76	1
18	0	0	0	68	56	0	45	1	1	1	56	78	1
19	0	1	1	66	59	0	46	1	1	1	50	81	1
20	1	0	0	60	62	0	47	0	0	0	56	82	1
21	0	0	0	61	62	0	48	0	0	1	63	82	1
22	1	1	1	59	63	0	49	1	1	1	65	84	1
23	0	0	0	51	65	0	50	1	0	1	64	89	1
24	0	1	1	53	66	0	51	0	1	0	59	99	1
25	0	0	0	58	71	0	52	1	1	1	68	126	1
26	0	0	0	63	75	0	53	1	0	0	61	136	1
27	0	0	1	53	76	0							

R 中计算分析过程如下：

1)建立数据集

```
>y<- c(rep(0,33),rep(1,20));
>x1<- c(0,0,1,0,0,0,0,0,0,0,0,0,0,0,1,0,0,0,1,0,1,0,0,0,0,0,0,0,0,0,0,1,0,1,0,1,0,0,0,0,1,1,1,1,
0,0,1,1,0,1,1);
>x2<- c(1,0,0,1,0,1,0,0,0,0,1,0,1,0,0,0,1,0,1,0,0,1,0,1,0,0,0,0,0,0,0,0,0,0,1,1,1,0,1,1,0,0,1,1,1,
0,0,1,0,1,1,0);
>x3<- c(1,1,0,0,0,1,0,0,0,0,0,1,1,0,0,0,1,0,1,0,0,1,0,1,0,0,1,0,0,1,0,1,0,1,1,1,0,0,1,1,1,1,1,1,1,1,
0,1,1,1,0,1,0);
>x4<- c(64,63,65,67,66,65,60,51,66,58,56,61,64,56,67,49,52,68,66,60,61,59,51,53,58,63,53,
60,52,67,56,61,64,58,65,57,50,67,67,57,45,46,51,60,56,50,56,63,65,64,59,68,61);
>x5<- c(40,40,46,47,48,48,49,49,50,50,50,50,50,52,52,55,55,56,59,62,62,63,65,66,71,75,76,
78,83,95,98,102,187,48,49,51,56,67,67,67,70,70,72,76,78,81,82,82,84,89,99,126,136);
>ndata<- data.frame(x1,x2,x3,x4,x5,y);
```

2)logistic 回归

```
>log.glm<- glm(y~ x1+ x2+ x3+ x4+ x5,family= binomial,data= ndata);
>summary(log.glm)
Call:
glm(formula= y~ x1+ x2+ x3+ x4+ x5,family= binomial,
    data= ndata)
DevianceResiduals:
     Min         1Q        Median       3Q        Max
  - 2.0110    - 0.7020    - 0.3654    0.5723    1.9852
Coefficients:
              Estimate     Std.Error     z value     Pr(>| z| )
(Intercept)   0.06180      3.45992       0.018       0.9857
x1            2.04534      0.80718       2.534       0.0113*
x2            0.76142      0.77077       0.988       0.3232
x3            1.56410      0.77401       2.021       0.0433*
x4            -0.06926     0.05788       -1.197      0.2314
x5            0.02434      0.01316       1.850       0.0643
---
Signif.codes:   0‘***’0.001‘**’0.01‘*’0.05‘.’0.1‘’1

(Dispersion parameter for binomial family taken to be 1)
```

```
    Null deviance:70.252  on 52  degrees of freedom
Residual deviance:48.126  on 47  degrees of freedom
AIC:60.126

Number of Fisher Scoring iterations:5
```

初步建立的 logistic 回归模型为：

$$p=\frac{\exp(0.06180+2.04534x_1+0.76142x_2+1.56410x_3-0.06926x_4+0.02434x_5)}{1+\exp(0.06180+2.04534x_1+0.76142x_2+1.56410x_3-0.06926x_4+0.02434x_5)}$$

回归参数的检验结果表明，变量 x_1、x_3（$\alpha=0.05$）和 x_5（$\alpha=0.1$）具有统计学意义。

3）logistic 回归模型的更新

```
>log.step<-step(log.glm);
Start:  AIC=60.13
y~x1+x2+x3+x4+x5

        Df   Deviance   AIC
-x2     1    49.097     59.097
-x4     1    49.615     59.615
<none>       48.126     60.126
-x5     1    51.572     61.572
-x3     1    52.558     62.558
-x1     1    55.350     65.350

Step:  AIC=59.1
y~x1+x3+x4+x5

        Df   Deviance   AIC
-x4     1    50.660     58.660
<none>       49.097     59.097
-x5     1    52.085     60.085
-x3     1    55.381     63.381
-x1     1    57.016     65.016

Step:  AIC=58.66
y~x1+x3+x5

             Df   Deviance   AIC
```

```
<none>          50.660      58.660
- x5       1    53.353      59.353
- x3       1    57.059      63.059
- x1       1    58.613      64.613
>summary(log.step);

Call:
glm(formula=y~x1+x3+x5,family=binomial,data=ndata)

Deviance Residuals:
     Min        1Q       Median      3Q       Max
  -1.8630    -0.8508    -0.3889    0.5721    2.2386

Coefficients:
              Estimate     Std.Error     z value     Pr(>|z|)
(Intercept)   -3.575 65    1.181 15      -3.027      0.002 47**
x1            2.061 79     0.777 67      2.651       0.008 02**
x3            1.755 56     0.739 02      2.376       0.017 52*
x5            0.020 63     0.012 65      1.631       0.102 91
---
Signif.codes:  0 '***' 0.001 '**' 0.01 '*' 0.05 '.' 0.1 ' ' 1

(Dispersion parameter for binomial family taken to be 1)

    Null deviance:70.252  on 52  degrees of freedom
Residual deviance:50.660  on 49  degrees of freedom
AIC:58.66

Number of Fisher Scoring iterations:4
```

最终建立的 logistic 回归模型为：

$$p=\frac{\exp(-3.575\ 65+2.061\ 79x_1+1.755\ 56x_3+0.020\ 63x_5)}{1+\exp(-3.575\ 65+2.061\ 79x_1+1.755\ 56x_3+0.020\ 63x_5)}$$

4)logistic 回归模型的预测分析

```
>log.pre<-predict(log.step,data.frame(x1,x3,x5));
>p=exp(log.pre)/(1+exp(log.pre));
>p
```

```
         1          2          3          4          5          6          7
0.26994331 0.26994331 0.36241260 0.06874904 0.07008160 0.30367151 0.07143800
         8          9         10         11         12         13         14
0.07143800 0.07281860 0.07281860 0.07281860 0.31246588 0.31246588 0.07565380
        15         16         17         18         19         20         21
0.07565380 0.40630940 0.33504174 0.08163016 0.35366872 0.44155894 0.09140287
        22         23         24         25         26         27         28
0.82366139 0.09667420 0.38733088 0.10803609 0.11624881 0.43726936 0.12275945
        29         30         31         32         33         34         35
0.13430637 0.53487005 0.17451413 0.57055424 0.57004884 0.77415312 0.30805128
        36         37         38         39         40         41         42
0.78478979 0.08163016 0.46712486 0.39223758 0.39223758 0.40708523 0.40708523
        43         44         45         46         47         48         49
0.84903060 0.85930575 0.86422036 0.87132024 0.13192587 0.46792529 0.87810123
        50         51         52         53
0.88871854 0.17750596 0.94485190 0.78444126
```

5)ROC 曲线的绘制

```
>library(pROC);
>plot(roc(y~p,ci=T));
Call:
roc.formula(formula=y~p,ci=T)
Data:p in 33 controls (y 0)<20 cases (y 1).
Area under the curve:0.8371
95% CI:0.7256 - 0.9486 (DeLong)
```

以 logistic 回归模型预测的概率 $P \geq 0.5$ 划归为“阳性”，$P < 0.5$ 划归为“阴性”，以实际 y 值(手术探查结果变量 NODES)为“金标准”分类，绘制 ROC 曲线(见图 9-2)。曲线下面积(AUC，Area under the curve)为 0.8371(95%置信区间为 0.7256～0.9486)，表明该模型预测能力中等。

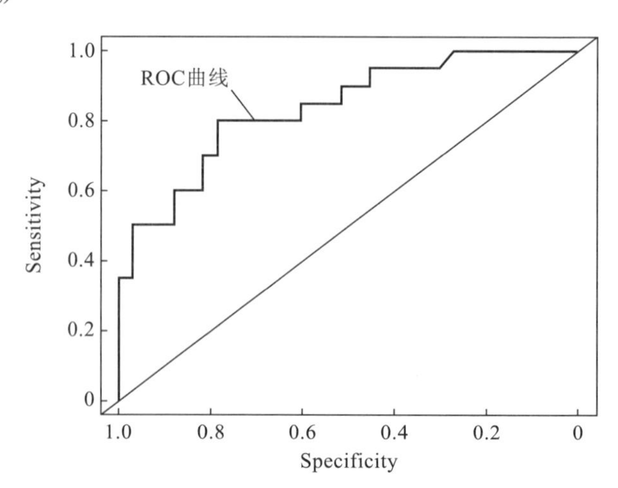

图 9-2　logistic 回归模型预测概率的 ROC 曲线

习　题

1. 根据某猪场 25 头育肥猪 4 个胴体性状的数据资料(表 9－3),试进行瘦肉量 y 对眼肌面积(x_1)、腿肉量(x_2)、腰肉量(x_3)的多元线性回归分析。

表 9－3　某猪场 25 头育肥猪 4 个胴体性状的数据资料

序号	瘦肉量 y(kg)	眼肌面积 x_1(cm^2)	腿肉量 x_2(kg)	腰肉量 x_3(kg)	序号	瘦肉量 y(kg)	眼肌面积 x_1(cm^2)	腿肉量 x_2(kg)	腰肉量 x_3(kg)
1	15.02	23.73	5.49	1.21	14	15.94	23.52	5.18	1.98
2	12.62	22.34	4.32	1.35	15	14.33	21.86	4.86	1.59
3	14.86	28.84	5.04	1.92	16	15.11	28.95	5.18	1.37
4	13.98	27.67	4.72	1.49	17	13.81	24.53	4.88	1.39
5	15.91	20.83	5.35	1.56	18	15.58	27.65	5.02	1.66
6	12.47	22.27	4.27	1.50	19	15.85	27.29	5.55	1.70
7	15.80	27.57	5.25	1.85	20	15.28	29.07	5.26	1.82
8	14.32	28.01	4.62	1.51	21	16.40	32.47	5.18	1.75
9	13.76	24.79	4.42	1.46	22	15.02	29.65	5.08	1.70
10	15.18	28.96	5.30	1.66	23	15.73	22.11	4.90	1.81
11	14.20	25.77	4.87	1.64	24	14.75	22.43	4.65	1.82
12	17.07	23.17	5.80	1.90	25	14.37	20.44	5.10	1.55
13	15.40	28.57	5.22	1.66					

2. 对上题所给数据资料,分别计算 y 与 x_1、x_2、x_3 的二级偏相关系数并进行显著性检验。

3. 根据重庆市种畜场奶牛群各月份产犊母牛平均 305d 产奶量的数据资料(表 9－4),试进行一元二次多项式回归分析。

表 9－4　重庆市种蓄场奶牛群产犊母牛平均产奶量

平均产奶量 y(kg)	3833.43	3811.58	3769.47	3565.74	3481.99	3372.82
产犊月份 x	1	2	3	4	5	6
平均产奶量 y(kg)	3476.76	3466.22	3395.42	3807.08	3817.03	3884.52
产犊月份 x	7	8	9	10	11	12

4. 为了研究荨麻疹史(1=有,0=无)及性别(1=男,0=女)与慢性气管炎(1=病例,0=对照)的关系,某研究的调查结果见表9-5,试用logistic回归进行分析。

表9-5　荨麻疹史及性别与慢性气管炎的关系调查结果

荨麻疹史 x_1	性别 x_2	慢性气管炎 y	频数 f
1	1	0	15
1	0	0	11
0	1	0	153
0	0	0	99
1	1	1	30
1	0	1	20
0	1	1	138
0	0	1	90

第十章　聚类分析和主成分分析

第一节　聚类分析

聚类分析(Cluster Analysis)是把研究对象(样本或变量)分组成为由类似的对象组成多个类的一种统计方法。聚类结果一般在4～6类,不宜太多,或太少。聚类分析目的在于将相似的事物归类,同一类中的个体有较大的相似性,不同类的个体差异性很大。两个个体间(或变量间)的对应程度或联系紧密程度的度量可以用两种方式来测量:①采用描述个体对(变量对)之间的接近程度的指标,例如"距离","距离"越小的个体(变量)越具有相似性;②采用表示相似程度的指标,例如"相关系数","相关系数"越大的个体(变量)越具有相似性。

聚类分析方法包括:系统聚类法、动态聚类法、有序样本聚类法和模糊聚类法等。本书只介绍较常用的系统聚类法和动态聚类法。

例10.1　Fisher于1936年发表的鸢尾花(Iris)数据被广泛地作为聚类和判别分析的例子,数据是对刚毛鸢尾花(Setosa)、变色鸢尾花(Versicolor)、弗吉尼亚鸢尾花(Virginica)3个鸢尾花品种(Species)各抽取一个容量为50的样本,测量其花萼长(Sepal Length)、花萼宽(Sepal Width)、花瓣长(Petal Length)、花瓣宽(Petal Width),单位为mm。以R基础包自带的鸢尾花(Iris)数据进行聚类分析。

R中计算分析过程如下:

1)系统聚类法

```
>data(iris); attach(iris)
>iris.hc<- hclust( dist(iris[,1 : 4]))
>plot( iris.hc,labels=FALSE,hang=-1)
>re<- rect.hclust(iris.hc,k=3)
>iris.id <- cutree(iris.hc,3)
>table(iris.id,Species)
         Species
iris.id setosa versicolor virginica
```

1	50	0	0
2	0	23	49
3	0	27	1

系统聚类法聚类分析生成的图形如图 10－1 所示。

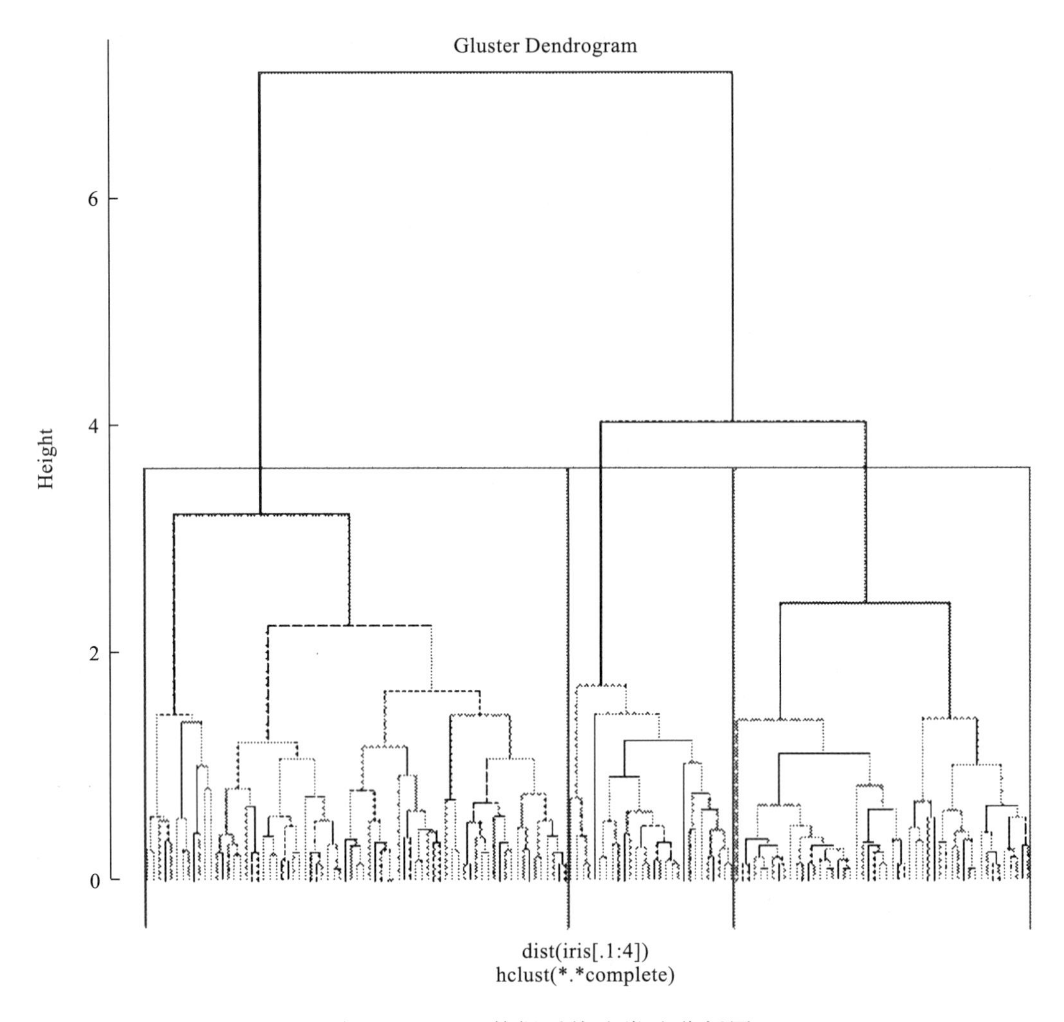

图 10－1　iris 数据系统聚类法分析图

注 1:R 软件实现系统聚类的程序为 hclust(d,method＝"complete"),其中,d 是由“dist”构成的距离结构,具体包括绝对值距离、欧氏距离、切比雪夫距离、马氏距离、兰氏距离等,默认为欧氏距离;method 包括类平均法“average”、重心法“centroid”、中间距离法“median”、最长距离法“complete”、最短距离法“single”、离差平方和法“ward”等,默认是最长距离法“complete”。

注 2:函数 cuttree()将数据 iris 分类结果 iris. hc 编为三组,分别以 1,2,3 表示,保存在 iris. id 中。将 iris. id 与 iris 中 Species 作比较发现:1 应该是 setosa 类,2 应该是 virginica 类(因为 virginica 的个数明显多于 versicolor),3 是 versicolor。

2)动态聚类法

```
>library(fpc)
>data(iris)
>df<- iris[,c(1:4)]
>set.seed(354782) #设置随机值,为了得到一致结果。
>kmeans<- kmeans(na.omit(df),3) #显示 K -均值聚类结果
>plotcluster(na.omit(df),kmeans $ cluster) #生成聚类图
```

仍以 R 基础包自带的鸢尾花(iris)数据进行 K -均值聚类分析,动态聚类法生成的图形如图 10 - 2 所示。

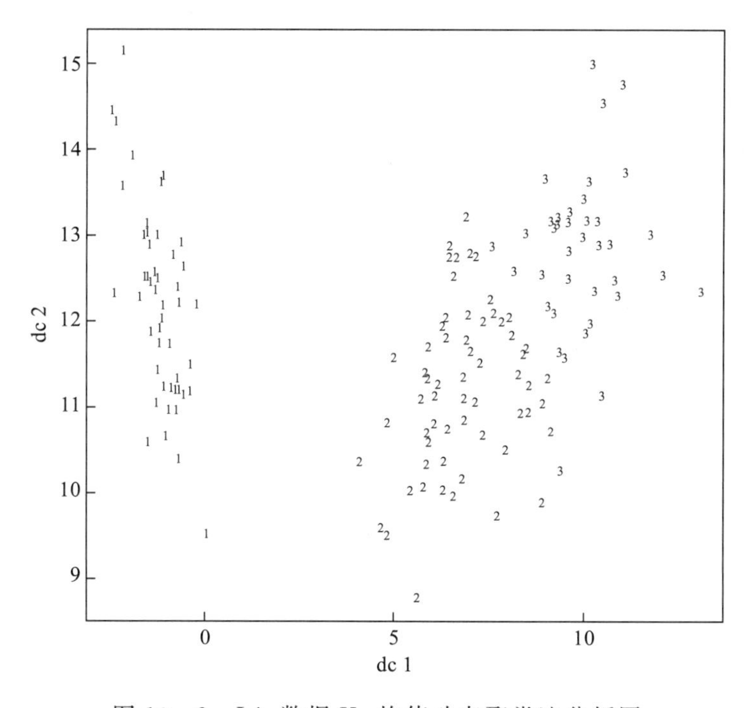

图 10 - 2　Iris 数据 K -均值动态聚类法分析图

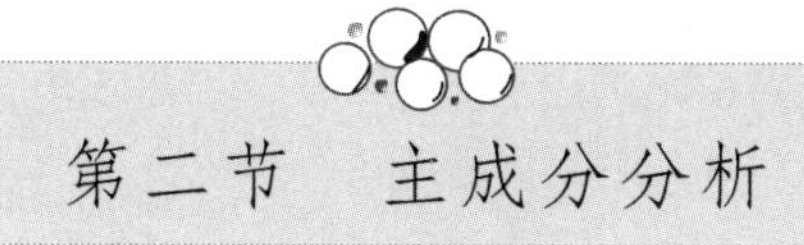

第二节　主成分分析

主成分分析(Principal Component Analysis,PCA),是考察多个变量间相关性一种多元统计方法,研究如何通过少数几个主成分来揭示多个变量间的内部结构,即从原始变量中导出少数几个主成分,使它们尽可能多地保留原始变量的信息,且彼此间互不相关。通常数学上的处理就是将原来 P 个指标作线性组合,作为新的综合指标。

例 10.2　为评价 31 个地区的生殖健康状况,某研究者考察了该 31 个地区的 4 个有

关生殖健康指标的得分(见表10-1),这4个指标的得分均是越高越好,它们各自反映了生殖健康的一个方面,为了能对这31个地区作出综合评价,试作主成分分析。

表10-1　31个地区有关生殖健康的4个指标得分

地区	X_1	X_2	X_3	X_4	地区	X_1	X_2	X_3	X_4
1	68.77	78.46	98.18	87.13	17	52.58	73.65	71.00	76.68
2	78.48	86.25	80.84	98.95	18	57.80	65.15	63.13	71.40
3	59.90	77.57	73.48	78.49	19	57.16	79.58	59.60	62.64
4	53.10	63.77	73.31	52.12	20	46.76	67.70	61.49	69.31
5	51.89	66.26	57.38	71.78	21	35.75	60.10	46.56	64.47
6	74.74	84.64	81.16	75.23	22	45.59	50.51	49.65	66.80
7	65.96	81.36	73.13	79.84	23	64.97	67.34	67.88	70.24
8	64.72	68.66	77.87	72.00	24	45.08	22.13	21.58	41.11
9	65.24	77.99	92.55	92.62	25	46.25	33.77	28.73	71.24
10	68.18	87.18	77.73	76.15	26	25.03	13.72	38.66	30.00
11	66.12	90.59	76.26	72.30	27	53.90	79.80	61.34	69.64
12	66.12	90.59	76.26	72.30	28	51.51	40.68	33.78	45.87
13	56.06	68.52	67.78	73.89	29	33.68	32.75	20.61	59.29
14	63.98	61.16	58.85	64.65	30	46.65	48.39	48.21	63.51
15	54.16	69.44	55.55	66.21	31	52.79	49.66	51.47	29.61
16	67.15	95.20	80.22	82.53					

R中计算过程如下:

1)建立数据集

```
>x1<-c(68.77,78.48,59.90,53.10,51.89,74.74,65.96,64.72,65.24,68.18,66.12,66.12,56.06,63.98,54.16,67.15,52.58,57.80,57.16,46.76,35.75,45.59,64.97,45.08,46.25,25.03,53.90,51.51,33.68,46.65,52.79);
>x2<-c(78.46,86.25,77.57,63.77,66.26,84.64,81.36,68.66,77.99,87.18,90.59,90.59,68.52,61.16,69.44,95.20,73.65,65.15,79.58,67.70,60.10,50.51,67.34,22.13,33.77,13.72,79.80,40.68,32.75,48.39,49.66);
>x3<-c(98.18,80.84,73.48,73.31,57.38,81.16,73.13,77.87,92.55,77.73,76.26,76.26,67.78,58.85,55.55,80.22,71.00,63.13,59.60,61.49,46.56,49.65,67.88,21.58,28.73,38.66,61.34,33.78,20.61,48.21,51.47);
```

```
>x4<-c(87.13,98.95,78.49,52.12,71.78,75.23,79.84,72.00,92.62,76.15,72.30,72.30,73.89,64.65,66.21,82.53,76.68,71.40,62.64,69.31,64.47,66.80,70.24,41.11,71.24,30.00,69.64,45.87,59.29,63.51,29.61);
```

2)主成分分析

```
>pca<-princomp(cbind(x1,x2,x3,x4),cor=T);
>eigen(cor(cbind(x1,x2,x3,x4)));# 计算特征值
$ values
[1] 3.3062614 0.3540747 0.2059167 0.1337472
$ vectors
            [,1]       [,2]       [,3]        [,4]
[1,] -0.4992751 -0.3809516  0.7758994  0.05983665
[2,] -0.5188651 -0.1321320 -0.3391001 -0.77351875
[3,] -0.5109153 -0.2909116 -0.5194179  0.62011367
[4,] -0.4695411  0.8676333  0.1148750  0.11639310
> summary(pca,loading= T);
Importance of components:
                           Comp.1     Comp.2     Comp.3     Comp.4
Standard deviation      1.8183128 0.59504173 0.45378051 0.3657146
Proportion of Variance  0.8265654 0.08851866 0.05147919 0.0334368
Cumulative Proportion   0.8265654 0.91508402 0.96656320 1.0000000

Loadings:
      Comp.1   Comp.2   Comp.3   Comp.4
x1   -0.499   -0.381    0.776
x2   -0.519   -0.132   -0.339   -0.774
x3   -0.511   -0.291   -0.519    0.620
x4   -0.470    0.868    0.115    0.116
```

计算结果表明,最大特征值为 3.306 261 4,其贡献率达 82.656 54%,第二特征值为 0.354 074 7,明显小于 1,其相应贡献率也只有 8.851 866%。故从特征值是否大于 1 及累计贡献率达到相当大考虑,决定只保留第一个主成分,以第一个主成分作为综合评价指标。而第一个主成分在 X_1,X_2,X_3 和 X_4 上均较大(近似于 0.5)。

3)综合评价排名

```
>地区<-1:31;
>第一个主成分得分<-pca$ scores[,1];
>排序结果<-sort(pca$ scores[,1],index=T)$ ix;
```

```
>cbind(地区,第一个主成分得分,排序结果);
      地区 第一个主成分得分 排序结果
[1,]    1     -2.41572911    2
[2,]    2     -2.92291872    1
[3,]    3     -1.09337015    9
[4,]    4      0.36036885    16
[5,]    5      0.17034662    6
[6,]    6     -2.00472563    10
[7,]    7     -1.47767146    11
[8,]    8     -0.98633283    12
[9,]    9     -2.27292654    7
[10,]   10    -1.73005334    3
[11,]   11    -1.57316872    8
[12,]   12    -1.57316872    23
[13,]   13    -0.40615902    17
[14,]   14    -0.02852735    13
[15,]   15     0.21324185    27
[16,]   16    -2.15457967    18
[17,]   17    -0.56284559    19
[18,]   18    -0.19224205    14
[19,]   19    -0.17160896    5
[20,]   20     0.31528702    15
[21,]   21     1.52157391    20
[22,]   22     1.19874161    4
[23,]   23    -0.64171560    22
[24,]   24     3.48680389    30
[25,]   25     2.02326069    21
[26,]   26     4.43038660    31
[27,]   27    -0.30140057    25
[28,]   28     2.26835585    28
[29,]   29     3.16268421    29
[30,]   30     1.34793103    24
[31,]   31     2.01016189    26
```

4)主成分分析结果的图形展示

```
>screeplot(pca,type="line",lwd=2,main="主成分分析碎石图");
```

```
>biplot(pca);
```

结果见图 10－3 和图 10－4。

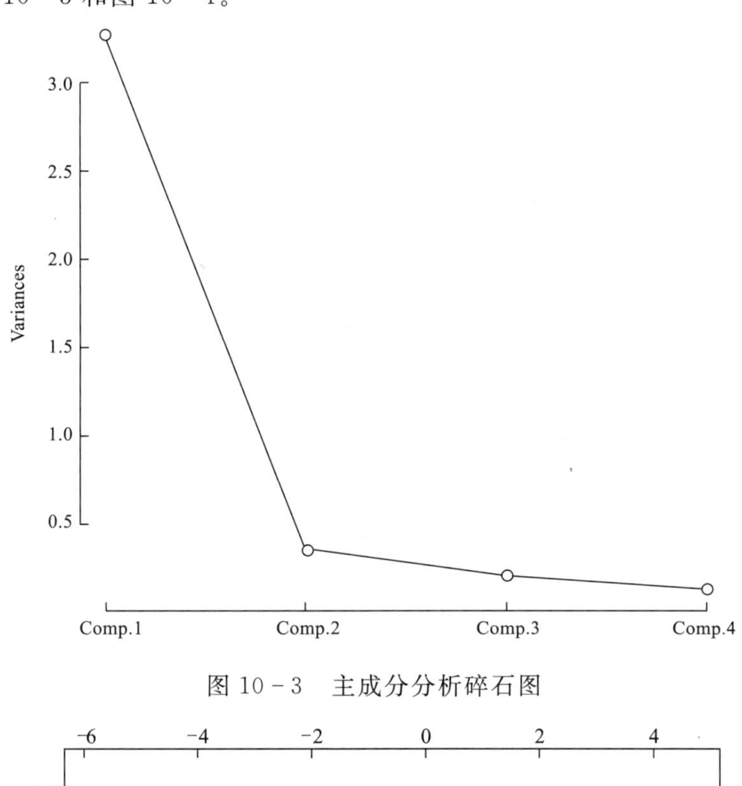

图 10－3　主成分分析碎石图

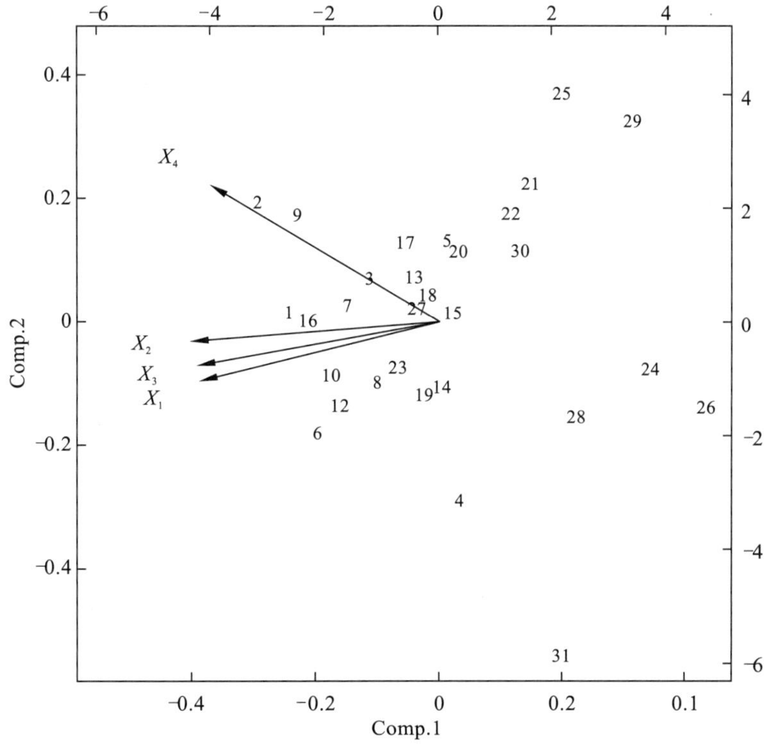

图 10－4　主成分分析二维结果图

习　题

为研究山楂园昆虫群落演替，分16个时期对园中16种主要昆虫进行了调查（表10-2），试进行聚类分析和主成分分析。

表10-2　山楂园昆虫群落演替调查表

时期	1 桃蚜	2 山楂木虱	3 草履蚧	4 山楂叶螨	5 梨网蝽	6 黑绒金龟子	7 苹毛金龟子	8 顶梢卷叶蛾	9 苹小卷叶蛾	10 金纹细蛾	11 舟形毛虫	12 山楂粉蝶	13 桃小食心虫	14 梨小食心虫	15 白小食心虫	16 桑天蛾
1	0	10	4	0	0	9	0	0	0	0	0	0	0	0	0	0
2	24	18	7	0	0	18	7	0	0	0	0	13	0	0	0	0
3	32	53	13	0	8	27	18	7	1	0	0	22	0	0	5	0
4	67	86	2	11	43	41	61	12	1	0	0	34	0	0	7	0
5	26	12	28	7	47	64	25	31	14	4	0	46	0	0	23	0
6	38	20	35	16	94	13	47	64	17	9	0	31	0	16	32	0
7	2	18	17	34	12	4	0	23	44	35	0	7	0	72	13	0
8	0	71	6	53	20	0	0	11	17	60	0	0	0	11	11	1
9	0	23	0	89	39	0	0	7	8	12	0	0	0	9	14	4
10	0	10	0	74	64	0	0	13	11	15	10	0	37	26	19	6
11	0	0	0	93	56	0	0	1	4	65	12	0	72	28	8	15
12	0	0	0	64	17	0	0	0	6	70	28	0	34	21	3	5
13	0	0	0	23	13	0	0	0	3	21	13	0	29	93	23	0
14	0	0	0	8	0	0	0	0	1	14	13	0	82	41	15	0
15	0	0	0	3	0	0	0	0	0	43	0	0	0	0	0	0
16	0	0	0	0	0	0	0	0	0	0	0	0	0	0	0	0

附录

所有书中出现过的 R 的统计函数与功能概要的索引

R 函数	功能概要	所属 R 包
abline	在 plot 图形上画直线	graphics 基本包
aggregate	把数据分组，返回每一个数据子集的统计摘要（可指定统计函数）	stats 基本包
ancova	计算和绘制单因素协方差分析图	HH 扩展包
anova	计算线性模型的方差分析表	stats 基本包
apropos	R 函数名匹配搜索	utils 基本包
aov	通过调用 lm 线性模型函数进行方差分析	stats 基本包
array	创建多维数组	base 基本包
as、as. numeric 等	强制转换 R 对象类型	methods 基本包
assign	为变量赋值	base 基本包
attach	添加 R 对象到 R 搜索路径（装入内存）	base 基本包
attributes	获得（或赋予）R 对象属性列表	base 基本包
barplot	绘制条形图	graphics 基本包
bartlett. test	多个样本方差的同质性（Bartlett）检验	stats 基本包
binom. test	二项分布的精确比值检验	stats 基本包
biplot	主成分分析二维结果图	stats 基本包
boxplot	绘制箱线图（箱须图）	graphics 基本包
c	组合变量或数值成为一个向量或列表	base 基本包
cbind	以列（col）的方式组合 R 对象	base 基本包
chisq. test	计数资料的皮尔逊卡方检验（拟合优度检验）	stats 基本包
choose	产生组合数的数学函数	base 基本包
ci	计算均值、概率、发生率的置信区间	epicalc 扩展包
ci. binomial	使用二项分布精确计算概率或发生率的置信区间	epicalc 扩展包
cld	产生 glht 两两比较结果展示的简洁字母	multcomp 扩展包
close. screen	删除特殊的图形设备定义（分割等）	graphics 基本包

R函数	功能概要	所属R包
colnames	返回或设定矩阵(或数据框)的列名	base基本包
cor	计算相关矩阵或两个向量的相关系数	stats基本包
cor. test	计算并检验两个向量的相关系数	stats基本包
cor2pcor	偏相关系数的计算	corpcor扩展包
cumprod	返回一个向量,每个元素都是连续乘积	base基本包
curve	在plot图形上绘制函数曲线	graphics基本包
cutree	将分层聚类的结果分割成组	stats基本包
data	装入数据集,或列出可用的数据集	utils基本包
data. frame	构建数据框对象	base基本包
density	核密度估计	stats基本包
diag	提取或修正一个矩阵的对角元素,或者创建一个对角矩阵	base基本包
dist	距离矩阵计算	stats基本包
dnorm	产生正态分布下的概率密度	stats基本包
eigen	计算特征值和特征向量	base基本包
exp	返回R对象的自然指数	base基本包
factor	将向量转为因子水平的序列数据	base基本包
find. BIB	产生平衡不完全区组设计	crossdes扩展包
fligner. test	多个样本方差的同质性检验(Fligner-Killeen检验)	stats基本包
gl	生成不同的水平或层次数据,产生规则的因子序列	base基本包
glht	产生多重比较的广义线性假设	multcomp扩展包
glm	拟合广义线性模型	stats基本包
grid. draw	由图形对象生成网格(grid)图	grid扩展包
hclust	系统(分层)聚类	stats基本包
help	获取R函数帮助文档	utils基本包
hist	计算绘制给定数据的直方图	graphics基本包
hov	多个样本方差的同质性检验(Brown-Forsythe检验)	HH扩展包
influence. measures	影响分析(回归诊断)	stats基本包

R 函数	功能概要	所属 R 包
install. packages	安装 R 扩展包或程序包	utils 基本包
isGYD	判断一个设计是否是平衡的	crossdes 扩展包
kmeans	K -均值聚类(动态聚类)	stats 基本包
kruskal. test	多样本均值的 Kruskal - Wallis 秩和检验	stats 基本包
ks. test	连续分布的拟合优度检验	stats 基本包
kurtosis	样本峰度的计算	timeDate 扩展包
length	返回 R 对象的长度	base 基本包
legend	添加图例	graphics 基本包
library	装入或添加 R 扩展包	base 基本包
lines	在 plot 图形上画连接线段	graphics 基本包
list	构建列表对象	base 基本包
lm	拟合线性模型(回归或方差分析)	stats 基本包
load	读取 save 保存的数据对象	base 基本包
locator	当图形设备上鼠标按下时读取鼠标位置	graphics 基本包
log	返回 R 对象的对数或自然对数	base 基本包
max	返回向量中元素的最大值	base 基本包
matrix	创建给定数据的矩阵	base 基本包
mean	算术平均数的计算	base 基本包
median	中位数的计算	stats 基本包
min	返回向量中元素的最小值	base 基本包
model. tables	返回方差分析结果的统计摘要表(可计算各因子水平组合的均值与效应等)	stats 基本包
mtext	在图形边缘增加文字注释	graphics 基本包
n. for. 2means	流行病学调查中样品容量的计算(已知两样本的均值)	epicalc 扩展包
n. for. 2p	流行病学调查中样品容量的计算(已知两样本的频率)	epicalc 扩展包
oa. design	产生正交试验设计	DoE. base 扩展包
pairwise. t. test	多重比较中两两 t 检验	stats 基本包
par	设定或查询图形参数	graphics 基本包

R函数	功能概要	所属R包
paste	粘贴向量(数字或字符串)成字符串	base基本包
pchisq	产生卡方分布下的累积概率密度	stats基本包
permn	产生向量中所有元素的排列组合	combinat扩展包
pheatmap	绘制聚类热图	pheatmap扩展包
pie	绘制饼图	graphics基本包
plot	R对象通用绘图函数	graphics基本包
plotcluster	生成聚类判别结果图	fpc扩展包
plotmeans	绘制含有置信区间的组均值折线图	gplots扩展包
pnorm	产生正态分布下的累积概率密度	stats基本包
predict	模型预测	stats基本包
princomp	主成分分析	stats基本包
prod	返回一个向量的连续乘积	base基本包
prop. test	比率p的近似检验	stats基本包
pt	产生t分布下的累积概率密度	stats基本包
qchisq	产生卡方分布下的分位数	stats基本包
qnorm	产生正态分布下的分位数	stats基本包
qqline	在QQ图上添加一条直线	stats基本包
qqnorm	生成用于正态分布检验的QQ图	stats基本包
qqPlot	使用QQ图来检验方差分析的正态性假设	car扩展包
qr	分解矩阵	base基本包
qt	产生t分布下的分位数	stats基本包
quit、q	退出R或终止当前R会话	base基本包
rbind	以行(row)的方式组合R对象	base基本包
read. table、read. csv等	创建一个数据框,读取表格形式的数据	utils基本包
rect. hclust	在分层聚类图上画矩形框	stats基本包
rep	复制向量或列表中的元素	base基本包
require	装入或添加R扩展包	base基本包

R 函数	功能概要	所属 R 包
residuals	提取模型拟合的残差	stats 基本包
ridit	非参数检验中的 Ridit 分析	Ridit 扩展包
rnorm	产生正态分布下的随机数序列	stats 基本包
roc	建立 ROC 曲线,返回 ROC 对象	pROC 扩展包
round	用于四舍五入求值	base 基本包
rownames	返回或设定矩阵(或数据框)的行名	base 基本包
rstandard	提取模型拟合的标准化残差	stats 基本包
sample	从向量或排列组合中随机采样(可回放与非回放)	base 基本包
save	记录保存一组任意数据类型的对象	base 基本包
screen	选定图形设备	graphics 基本包
screeplot	绘制主成分分析碎石图	stats 基本包
seq	生成连续的的实数序列	base 基本包
sequence	创建一系列连续的整数序列,每个序列都以给定参数的数值结尾	base 基本包
set. seed	设置随机值(种子)	base 基本包
sd	样本标准差的计算	stats 基本包
shapiro. test	正态分布的 Shapiro - Wilk 检验	stats 基本包
skewness	样本偏度的计算	timeDate 扩展包
solve	函数求解或求矩阵的逆	base 基本包
sort	向量或因子排序	base 基本包
split. screen	分割图形设备	graphics 基本包
sqrt	计算平方根	base 基本包
step	逐步回归	stats 基本包
sum	返回向量中元素的总和	base 基本包
summary	产生各种模型拟合结果的汇总或摘要	base 基本包
svd	奇异值分解	base 基本包
t	矩阵或数据框的转置	base 基本包
table	产生列联表	base 基本包

R 函数	功能概要	所属 R 包
text	在图形特定位置增加文字注释	graphics 基本包
title	图形注释(添加标题等)	graphics 基本包
t. test	单样本或两样本均值的 t 检验	stats 基本包
TukeyHSD	提供方差分析中各组均值差异的成对检验	stats 基本包
typeof	返回 R 对象的类型	base 基本包
var	样本方差的计算	stats 基本包
var. test	两样本方差的 F 检验	stats 基本包
Venn	构建维恩对象的交叉数据集	Vennerable 扩展包
venn. diagram	生成维恩图或欧拉图对象	VennDiagram 扩展包
vif	计算方差膨胀因子(共线性诊断)	DAAG 扩展包
wilcox. test	单样本或两样本均值的 Wilcoxon 秩和检验	stats 基本包
williams	产生拉丁方设计	crossdes 扩展包
write. table、write. csv 等	在文件中写入一个对象(向量,矩阵,数据框等)	utils 基本包

参考文献

程新，魏赛金，江莉，等. 统计软件 R 及其在《生物统计学》实验教学中的应用[J]. 统计教育，2008，4(103)：29－31.

杜荣骞. 生物统计学[M]. 北京：高等教育出版社，1999

李春喜，姜丽娜，邵云，等. 生物统计学[M]. 第 3 版. 北京：科学出版社，2008

孙啸，谢建明，周庆，等. R 语言及 Bioconductor 在基因组分析中的应用[M]. 北京：科学出版社，2006

汤银才. R 语言与统计分析[M]. 北京：高等教育出版社，2008

薛毅，陈立萍. 统计建模与 R 软件[M]. 北京：清华大学出版社，2007

佚名. R 初学者指南[EB/OL]. 王学枫，谢益辉，李军焘，等，译. 2006. http://www.biosino.org/R/R-doc/files/R4beg_cn_2.0.pdf

佚名. R 导论[M/OL]. 丁国徽，译. http://www.biosino.org/pages/newhtm/r/schtml/

佚名. R 数据的导入和导出[EB/OL]. 丁国徽，译. http://www.biosino.org/R/R-doc/R-data_cn/

余松林. 医学统计学[M]. 北京：人民卫生出版社，2002

Ashlee Vance. Data analysts captivated by R's power[J]. The New York Times，2009，1(7)

Michael J Crawley. The R Book[M]. John Wiley & Sons Ltd，2007

R Development Core Team. R：A language and environment for statistical computing. R Foundation for Statistical Computing[EB/OL]. Vienna，2009. http://www.R-project.org

Robert I. Kabacoff. R 语言实战[M]. 高涛，肖楠，陈钢，译. 北京：人民邮电出版社，2013

Steve Selvin. 现代应用生物统计方法：S-Plus 的使用[M]. 吕旌乔，译. 北京：北京大学医学出版社，2008